요리사
어떻게
되었을까
?

꿈을 이룬 사람들의 생생한 직업 이야기 2편
요리사 어떻게 되었을까?

1판 1쇄 찍음 2015년 1월 15일
1판 6쇄 펴냄 2023년 5월 4일

펴낸곳	㈜캠퍼스멘토
저자	지재우
책임 편집	이동준 · ㈜엔투디
연구 · 기획	오승훈 · 이경태 · 이사라 · 박민아 · 국희진 · 윤혜원 · ㈜모야컴퍼니
디자인	㈜엔투디
마케팅	윤영재 · 이동준 · 신숙진 · 김지수 · 김연정 · 박제형 · 박예슬 · 강덕우
교육운영	문태준 · 이동훈 · 박홍수 · 조용근 · 황예인 · 정훈모
관리	김동욱 · 지재우 · 임철규 · 최영혜 · 이석기
발행인	안광배

주소	서울시 서초구 강남대로 557 (잠원동, 성한빌딩) 9층 (주)캠퍼스멘토
출판등록	제 2012-000207
구입문의	(02) 333-5966
팩스	(02) 3785-0901
홈페이지	http://www.campusmentor.org

ISBN 978-89-97826-03-2 (43590)

ⓒ 지재우 2015

현직 요리사들의
커리어패스를 통해
알아보는
리얼 요리사입성
이야기

요리사
어떻게

How did they become Cook?

되었을까?

campus
Mentor

"
도움을 주신
요리사 분들을
소개합니다
"

문문술 청와대 조리명장

- 경희대학교 조리과 졸업
- 청와대 비서실 조리책임자
- 서울 롯데호텔, 메이필드호텔 조리총괄책임자
- 국제요리대회 국가대표
- 한국조리기능장
- 대한민국 조리명장
- 한국산업인력관리공단 자격심사위원
- 국제기능올림픽 심사위원
- 호텔조리과 학부장

권상범 제과명장
리치몬드제과 대표

- 서울 풍년제과에서 김충복선생으로부터 기술전수
- 나폴레옹과자점 기술상무 역임
- 일본 동경제과학교 졸업
- 스위스 리치몬드제과학교, 프랑스 르노뜨르제과학교 연수
- 쿠프 드 몽드 드 라 파티세리(세계양과자대회) 심사위원 3회 역임
- 현 리치몬드제과기술학원 원장, 리치몬드 과자점 대표
- 대한제과협회 중앙회 회장 역임
- 2001년 제 36회 서울 국제기능올림픽대회 심사위원
- 2003년 대한민국 최초 프랑스요리아카데미 해외자문위원
- 2002년 제과부분명장 선정 - 노동부, 한국산업인력공단
- 2006년 국민훈장 목련장 수상

박경식 삼청각 조리장

- (재)세종문화회관 삼청각 총주방장
- (사)대한민국한식협회 이사
- 한국음식조리인연합 한식의 달인
- SBS대결요리 왕중왕 우승
- 한성대학교 경영대학원 석사
- 한국 산업인력 관리공단 자격심사위원
- 서울관광 글로벌한식 경연대회 심사위원
- 약선 요리 지도사 (약선요리협회)
- EBS 최고의 요리비결 (3회출연)
- OBS Food & 人 (세프요리인생)

샘킴 요리연구가

- 보나세라 총괄Chef
- 투릴루사Chef
- 모짜 Chef
- 위투그릴Chef
- 올토랑Chef
- 미국 스타쉐프협회 아시아 스타Chef 선정
- 저서 〈샘 킴의 판타스티코 이탈리아〉, 〈소울푸드〉, 〈파스타〉, 〈샘킴의 이탈리아요리〉
- 방송 〈샘&레이번 쿠킹타임〉, 〈올리브쿠킹타임〉, 〈쉐프의 키스〉 등 출연

조성숙 스포츠영양사

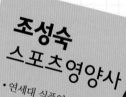

- 연세대 식품영양학과 졸업
- 연세대 스포츠영양학박사
- 동양오리온스 영양사
- 포항축구단 영양사
- 태릉선수촌, 진천선수촌, 태백 선수촌 영양사 외 다수
  〈86' 아시안게임〉, 〈88' 서울올림픽〉, 〈92' 바르셀로나올림픽〉, 〈2004' 아테네올림픽〉영양사 외 다수

참고 : 요리사와 영양사는 직업분류상 다르긴 하나 학생들의 진로교육에 도움이 되고자 함께 집필하였습니다.

이 책의 구성

Chapter 2

요리사의 생생 경험담

Chapter 3

요리사들이 알려주는
깨알 tip!

요리사

어떻게
되었을까
?

'요리사'란?

'요리사'는

요리를 전문으로 하며,
준비한 재료에
여러 가지 방법을 가해서
음식을 만들고
손님에게 음식을 전하는 직업으로
'조리사'라고도
부릅니다.

'요리'랑 '조리'의 차이?

요(料: 되질하다,세다,헤아리다 요)리(理: 다스리다 리)는 계량기 등으로 정확하게 재는 것이 중심 개념으로 되어있습니다. 중국의 고서에는 약품에서 분량의 의미로 '요리'라는 말이 쓰였습니다. 그러던 것이 현재는 식품의 조리조작을 통해 먹을 수 있는 형태로 만든 것을 의미하게 되었습니다. 요리와 거의 비슷한 뜻으로 쓰이고 있는데, 조리보다 넓은 의미로 사용되고 있습니다.

조(調: 갖추다,마련하다,준비하다 조)리(理: 다스리다 리)는 단어의 뜻 그대로 갖추거나 준비하는 것을 말합니다. 식품의 종류에 따라 조리조작을 가하여 먹을 수 있는 음식으로 만드는 것, 즉 그 과정입니다. 식품에는 여러 가지 특성이 있어 그 특성에 따라 조리방법을 달리할 필요가 있습니다. 또한, 식품에는 단독으로 영양소를 골고루 함유하고 있는 것이 많지 않습니다. 그럴 경우, 각종 식품들을 잘 합하여 조리를 하면 영양가를 높일 수 있습니다. 때문에 조리하는 과정에서 잃기 쉬운 비타민류, 미네랄 등의 손실을 방지하는 등 영양적인 면을 고려해야 합니다. 자격증으로는 한식, 중식, 일식, 양식, 제빵, 제과, 복어 조리기능사자격증이 있습니다.

즉, '요리사'는 식재료를 계량 및 조작하여 음식을 만드는 사람이고, '조리사'는 식재료의 성질에 따라서 음식을 재창조 할 수 있는 사람입니다.

요리사의 역할

❶ 주문서나 식단계획표에 따라 재료를 주문합니다.

❷ 식료품의 상태를 검수하고 관리합니다.

❸ 요리기기를 조작·점검하고 이상 유무를 확인합니다.

❹ 식단과 주문량에 따라 재료를 선택하여 다듬고 세척합니다.

❺ 각종 요리 기구를 사용하여 적당한 조리법에 따라 한식, 일식, 중식, 양식 등을 요리합니다.

❻ 식기, 요리기구, 장내 등을 청결히 관리합니다.

출처 : 한국직업사전, 워크넷

요리사의 장·단점

| 장점 |

"요리는 즐거운 일입니다"

| 청와대 조리명장 문문술 |

사람이 살아가는데 꼭 필요한 일이기도 하죠. 그리고 언제 어디서든 할 수 있습니다. 좋은 음식은 뭐든 먼저 Testing 할 수도 있어요. 생활수준이 높아질수록 먹는 것이 중요하고, 음식은 건강으로 직결되기 때문에 언제까지나 중요한 일일 것입니다.

"누군가를 행복하게 만들 수 있다는 것이 좋아요"

| 요리연구가 샘킴 |

꼭 레스토랑이 아니어도, 여행을 가거나 어디에 있던지 프라이팬만 있다면 할 수 있는 것이 요리잖아요. 저의 재능이 주위 사람들을 행복하게 해주는 의미 있는 곳에 쓰일 수 있어서 좋아요. 주변 지인들도 제 요리를 좋아해주니 점점 더 Chef라는 저의 직업이 좋아질 정도에요.

"알면 알수록 재미가 있습니다"

| 삼청각 조리장 박경식 |

요리는 타인의 건강을 지킬 수도 있고 해칠 수도 있기 때문에 내 가족이 먹는다는 생각으로 정성을 다해서 합니다. 그래서 더 공부하고 개발하려고 노력하죠. 눈과 입이 모두 즐거운 요리를 만들어 고객들이 만족할 때에 큰 보람을 느낍니다.

| 단점 |

"같은 맛을 유지해야하는 것이 어렵습니다."

| 청와대 조리명장 문문술 |

예를 들어 양파 하나를 두고 보았을 때 여름양파와 가을양파가 맛이 다릅니다. 여름양파는 수분이 더 많은 편이라서 같은 메뉴를 조리하더라도 그 방법이 달라야하죠. 불을 어느 강도로 맞추고 어느 타이밍에 줄이느냐에 따라서 음식 맛이 차이가 납니다. 이런 세밀한 차이를 알려면 꾸준히 배우고 노력해야만 합니다. 절대 쉽지 않죠.

"개인 시간이 부족해요."

| 요리연구가 샘킴 |

현재 레스토랑에 20대 초반에서 후반까지의 사람들이 모두 있는데, 젊은 사람들이
느끼기에 개인 시간이 많이 없어 힘들어하더라고요. 스케줄도 불규칙하고, 있던 휴
일에도 바쁘면 나와서 일해야 합니다. 일반 직장인에 비해 노동 시간도 많고, 하루 종
일 서있어야 하죠. 퇴근을 해도 하루 종일 몸에 밴 음식냄새가 나기도 합니다.

"체력이 무조건 좋아야합니다."

| 삼청각 조리장 박경식 |

요리는 생각보다 긴 노동의 시간이 필요합니다. 매일 서서 요리를 하고, 식재료 준비
부터 주방정리까지 체력이 뒷받침되어야 좋은 요리를 만들 수가 있습니다.

요리사의 자격요건

| 제과명장 CEO 권상범 |

    제빵사가 되기 위해서는 중요한 능력이 따로 있는 것이 아닙니다. 그저 열심히 공부하는 자세만 있으면 됩니다.

> **"공부하는 마음으로 해야지,
> 제과제빵 만드는 노동자가 되면 안 된다."**

    제가 후배들에게 자주하는 말입니다. 어릴 때 저는 돈도 받지 않고 일했었습니다. 그저 먹여만 주면 된다고 생각했죠. 하지만 요즘은 돈도 받고 공부도 할 수 있는 시스템이 되어있습니다. 처음부터 너무 큰 회사만 바라보지 말고 차근차근 기초를 잘 닦아 놓으면 어디서든 인정받는 제빵사가 될 수 있을 것입니다. 젊을 때 넘어지면 일어날 힘이 있지만, 50이 넘어서 넘어지면 일어나기 힘듭니다. 처음에는 힘들더라도 꾸준히 열심히 해서 10년, 20년 후를 내다보았으면 좋겠습니다.

또한, 제빵사는 오로지 음식 하나로 신뢰를 얻어야 합니다. 손님은 가치를 사는 것이지 물건을 사는 것이 아닙니다. 아무리 좋은 재료라고 할지라도 정성이 들어가지 않으면 맛이 반감되기 마련입니다. 온 정성을 쏟아 맛을 내고 손님들과 신뢰를 쌓도록 노력해야 하죠.

　감각이라는 재능은 타고나는 것 같습니다. 부단한 노력을 통해 음식을 만드는 사람도 있고, 상대적으로 감각만으로 요리하는 사람도 있습니다. 그런 감각이 있는 사람은 재료를 하나만 바꿔도 완전히 다른 요리를 만들어 내기도 합니다. 센스가 있고 없는 차이니까요. 반면 그런 재능이 있는 사람들은 꾀가 많습니다. 재능이 없는 사람들은 미련하게도 묵묵하게 자신의 일을 하는 경향이 있는데, 재능만 믿고 요리를 하다보면 처음에는 돋보일지 몰라도 5년 정도만 지나도 노력하는 사람과 큰 차이를 내며 뒤쳐질지도 모릅니다.

요리사의 자격요건이 있어요~

관찰력

청결

상상력

자기관리

호기심

체력

열정 + 책임감
+ 자신감

근면

배려심

창의력

정돈

절제력

미적 감각

내가 생각하고 있는 요리사의 자격요건을
적어보세요~

요리사가 되는 길

"스포츠를 진짜 좋아하시나요?"

| 스포츠영양사 조성숙 |

　'스포츠영양사'라는 직업에 대해 고민하는 친구들이 있다면, 제가 가장 먼저 물어보고 싶은 말은 바로 이것입니다. 여기에 끈기와 열정이 있다면 잘 할 수 있습니다. 영양사 자격증이 특별히 다르진 않습니다. 취업한 곳이 다르고, 대상자가 다른 것 뿐 입니다. 스포츠 영양사는 운동선수를 대상으로 하는 것뿐이죠. 저는 어차피 영양사를 할 거라면 각각 좋아하는 대상자를 찾는 것이 가장 중요하다는 생각이 듭니다. 저는 운동을 좋아했기 때문에 이 직업을 오래할 수 있었던 것 같습니다. 최근에는 체육학과에서 복수전공으로 영양학을 하고 시험을 보는 학생들도 있었습니다. 미국에서는 스포츠 선수를 하다가 영양학을 공부해서 영양사가 된 경우도 있었고요.

　물론 영양사가 되기 위해서는 기본적으로 학사과정은 필요합니다. 식품영양학과 또는 관련학과를 졸업해야 국가고시를 볼 수 있는 자격이 주어집니다. 보건복지부에서 영양사면허를 받고 그 이후에 어떤 직종에 들어가느냐는 회사나 기관마다의 채용이기 때문에 본인의 선택으로 지원하는 것입니다. 최근 들어 스포츠분야에서 일하고 싶어 하는 후배들이 꽤 늘어나서 영양사협회에서 전문가 과정을 만들어 교육하기도 합니다. 선수들이나 감독이 누구나 한마디씩 하는 것을 이성적으로 받아들일 정도가 되려면 전문성을 쌓아야한다고 생각해서 전문가과정을 만든 것이지요. 스포츠영양에 대한 지식도 선수들보다 낮으면 안 되기 때문에 관련 지식과, 제 경험을 통한 노하우 등을 공유하고 있습니다.

"요리사는 단순히 음식을 만드는 사람이 아닙니다."

| 삼청각 조리장 박경식 |

일반적으로 요리사가 되기 위해서는 전문학교를 나와야 합니다. 요즘은 조리고등학교, 학원, 요리학교, 전문대학, 대학교 등 다양하게 전문 조리사가 될 수 있는 교육기관이 있고 이를 선택할 수도 있습니다. 이후에 조리사 자격증을 취득 하고 원하는 요리를 하면 됩니다. '요리'라는 것이 단순하게 음식을 만드는 행위가 아닙니다. 의사는 병든 이를 고쳐주고 치료하지만 조리사는 건강한 사람을 지속적으로 건강할수록 해주고, 병든 사람도 음식으로써 치유할 수 있다는 자부심으로 음식을 만들 수 있습니다. 또한 요리사들은 예술가이기도 합니다. 무(無)에서 유(有)를 창조하니까요.

특히 중요한 것은 꼼꼼하고 차분해야한다는 것입니다. 섬세할수록 요리사로서의 장점을 갖추었다고 볼 수 있죠. 요리는 타인의 건강을 지킬 수도 있고 해칠 수도 있기 때문에 내 가족이 먹는다는 생각으로 정성을 다해서 요리해야합니다. 그러기 위해서는 자신의 건강관리 역시 철저히 해야 하고 체계적인 공부와 관심·열정·호기심·재미를 동반해야만 합니다.

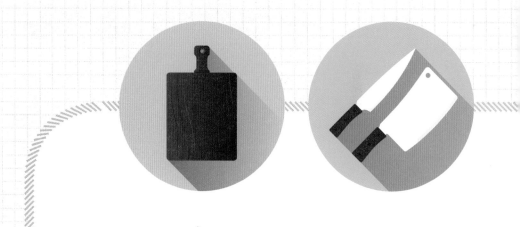

요리사가
되는 길

● 요리사는 특별한 학력을 필요로 하지 않지만 조리기능사 시험에 응시할 수 있는 자격은 3개월 이상 요리강습을 받았거나 학교나 직업보도기관에서 학과수업 90시간, 조리 360시간 이상의 과정을 이수한 사람, 조리업에 3년 이상 종사한 사람으로 규정되어 있습니다.

● 다만 식품의 과학적 조리법, 영양과 맛의 조화 등 조리업계의 발전을 고려한다면, 조리학, 영양학, 식품학 등의 관련학문을 전공한 사람들이 요리사로 많이 진출하는 것이 바람직합니다.

● 관련 학과로는 조리과학 고등학교, 전문계 고등학교를 비롯해 전문대학 및 대학교의 조리과, 조리과학과, 전통조리과, 외식조리과, 호텔조리과, 호텔외식조리과, 관광호텔조리과 등이 있습니다.

요리사의
생생
경험담

미리 보는 요리사들의 커리어패스 ▸▸▸

 권상범 서울 풍년제과재직 나폴레옹과자점 기술상무 일본 동경제과학교 졸업

 문문술 경희대학교 조리과 졸업 서울 롯데호텔 조리총괄책임자 청와대 비서실 조리책임자

 박경식 한성대학교 호텔관광외식 경영학과 졸업 부산파라다이스 호텔 주방장

 샘킴 올토랑 워터그릴 모짜

 조성숙 연세대학교 식품영양학과 졸업 연세대학교 스포츠영양학 박사 태릉선수촌 영양사

리치몬드제과
기술학원 원장,
리치몬드 과자점 대표 > 대한
제과협회 중앙회
회장 > 대한민국
제과명장

메이필드호텔
조리총괄책임자 > 한국조리기능장 > 대한민국
조리명장

세종문화회관 삼청각
총주방장 > 대한민국한식협회
이사

투릴루사 > 보나세라
총괄쉐프 > 아시아스타쉐프

태백선수촌 영양사
동양오리온스 영양사 > 포항축구단
영양사 > 진천선수촌
영양사

"공부하는 마음으로 해야지, 제과제빵 만드는 노동자가 되면 안 된다."

요즘은 돈도 많고 공부도 할 수 있는 시스템이 되어 있습니다. 처음부터 너무 큰 회사만 바라보지 말고 차근차근 기초를 잘 닦아 놓으면 어디서든 인정받는 제빵사가 될 수 있을 것입니다.

권상범

- 서울 풍년제과에서 김충복선생으로부터 기술전수
- 나폴레옹과자점 기술상무 역임
- 일본 동경제과학교 졸업
- 스위스 리치몬드제과학교, 프랑스 르노뜨르제과학교 연수
- 쿠프 드 몽드 드 라 파티세리(세계양과자대회) 심사위원 3회 역임
- 현 리치몬드제과기술학원 원장, 리치몬드 과자점 대표
- 대한제과협회 중앙회 회장 역임
- 2001년 제 36회 서울 국제기능올림픽대회 심사위원
- 2003년 대한민국 최초 프랑스요리아카데미 해외자문위원
- 2002년 제과부분명장 선정 – 노동부, 한국산업인력공단
- 2006년 국민훈장 목련장 수상

요리사의 스케줄

권상범
제과명장의
하루

05:30 ~ 06:00
▸ 기상 및 운동(헬스장 이동)

08:30 ▸ 조식

09:30 ▸
각 매장 제품 점검 순회
(식사재 점검)

10:30 ▸ 생산부 점검
(빵, 제과 진령 판매 상태 점검)

11:30 ▸ 학원 교실 점검 및
원포인트 레슨

12:30 ▸ 학원강사 미팅

13:30 ▸ 점심

15:00 ▸ 방문 상담자 미팅

20:00
▸ 가족과의 시간

22:00
▸ 휴식 및 하루일과 마감,
내일업무 준비

▲ 풍년제과 시절

▲ 스승님과 함께 공부하던 시절

어린 시절에는 어떤 아이였나요?

어린 시절의 저는, 그저 어머니를 도와 집안일과 심부름을 잘 하는 아이였고 막연했지만 '부자가 되어야겠다.'라는 희망을 가졌었습니다. 5살 때 국립의료원에서 일하시던 아버지께서 돌아가신 뒤에 어머니 혼자 삯바느질을 해가며 어렵게 저희 3남매를 키우셨던 터라 중·고등학교 진학은 물론이고 그 외의 것들을 바라기가 어려웠습니다. 그 시절 가장 기억에 남던 일은 제삿날을 기다리는 것이었습니다. 누구의 제삿날인지는 크게 중요하지도 않았습니다. 단지 흰쌀밥을 한 그릇 먹을 수 있다는 것이 큰 기쁨이었기 때문입니다. 그때부터였던 것 같습니다. 막연했지만 '부자가 되어야겠다.'라는 꿈을 가졌었습니다. 집안이 넉넉하지 않았기 때문에 늘 '어떻게 하면 배고픔을 잊을 수 있을까? 어떻게 하면 내 자식들에게 가난을 물려주지 않을까?'라는 생각을 했습니다.

 **제과·제빵과의 인연은 언제부터 시작되었나요?**

당시 외가는 다과점을 운영하고 있었습니다. 그 시절 다과점은 지금의 제과점처럼 차와 빵을 함께 파는 곳입니다. 지금은 오븐으로 빵을 구워내지만 그때는 흙가마에서 빵을 만들어 팔았습니다. 방학이면 시골 외갓집에 종종 놀러가고는 했습니다. 그때마다 맛있게 빵도 먹고 빵이 만들어지는 과정을 재미있게 지켜보다가 17세가 되던 해부터 본격적으로 빵을 배우기 시작했습니다. 그릇을 닦고, 주방과 가게를 청소하고, 오븐을 보는 일 등 허드렛일부터 익혀나갔습니다. 저와 외숙모 둘이서 모든 일을 함께 했었는데 하나씩 손에 익히면서 할 수 있는 일들을 점차 늘려가게 되었죠. 사실 빵을 만드는 것이 재미있는 것은 둘째 치고 이렇게 제빵 기술을 익히게 되면 배고픔은 면할 수 있겠다는 생각이 먼저 들었습니다.

옛날에는 성공을 하기 위해서는 서울로 가야한다는 인식이 컸습니다. 저 역시도 더 큰 곳에서 일을 해야겠다는 생각에 대구 〈광월당〉이라는 곳으로 가서 1년간 기술을 배웠죠. 그

뒤에는 2000원을 들고 무작정 서울로 올라왔습니다. 숙식을
제공해준다는 말에 종로에 있는 〈성림제과〉에 취직을 했습니
다. 작업대에서 쪽잠을 자며 생활해보고 노숙자 생활도 했었
어요. 힘든 시간이었지만 그대로 집으로 돌아가자니 어머니
뵙기가 부끄러워서 돌아갈 수가 없었습니다. 어떻게든 이 시
간을 이겨내서 어머니 앞에 당당한 아들이 되자는 생각으로
그 시간을 이겨냈습니다.

'제빵사'는 어떤 일을 하나요?

옛날에는 주로 남자들이 제빵사를 했습니다. 힘이 많이 들어갔기 때문이죠. 반죽도 손
으로 쳐서 만들었습니다. 밤 11시에 반죽을 시작해서 30분간 하고 꼭 다음날 새벽 4시에
일어나야 했습니다. 발효가 너무 많이 되면 술이 되거든요. 배가 부르면 높은 반죽통의 반
죽을 치기가 힘들기 때문에 밥도 먹지 않고 반죽을 쳤습니다. 그렇게 밀가루 20kg 두포
를 했었습니다.

요즘은 웬만한 것은 기계가 많이 발달되어 제빵사
는 마감처리만 하기 때문에 여자들도 쉽게 할 수 있
게 되었죠. 그래도 제일 빨리 출근하는 직원은 새벽
5시정도에 출근해서 미리 준비를 합니다. 그래야 아
침 8시 30분 정도에 2/3정도의 제품들을 가게에 진
열할 수가 있죠. 나머지 1/3역시 오전 10시까지는
채워야 합니다.

▲ 코마냉동고 설치 후

제빵사가 되기 위해서 따로 요구되는 자질들이 있을까요?

제빵사가 되기 위해서는 중요한 능력이 따로 있는 것이 아닙니다. 그저 열심히 공부하는 자세만 있으면 됩니다.

"공부하는 마음으로 해야지, 제과제빵 만드는 노동자가 되면 안 된다."

제가 후배들에게 자주하는 말입니다. 어릴 때 저는 돈도 받지 않고 일했었습니다. 그저 먹여만 주면 된다고 생각했죠. 하지만 요즘은 돈도 받고 공부도 할 수 있는 시스템이 되어 있습니다. 처음부터 너무 큰 회사만 바라보지 말고 차근차근 기초를 잘 닦아 놓으면 어디서든 인정받는 제빵사가 될 수 있을 것입니다. 젊을 때 넘어지면 일어날 힘이 있지만, 50이 넘어서 넘어지면 일어나기 힘듭니다. 처음에는 힘들더라도 꾸준히 열심히 해서 10년, 20년 후를 내다보았으면 좋겠습니다.

또한, 제빵사는 오로지 음식 하나로 신뢰를 얻어야 합니다. 손님은 가치를 사는 것이지 물건을 사는 것이 아닙니다. 아무리 좋은 재료라고 할지라도 정성이 들어가지 않으면 맛이 반감되기 마련입니다. 온 정성을 쏟아 맛을 내고 손님들과 신뢰를 쌓도록 노력해야 하죠.

Question 제빵사의 진로는 어떻게 되나요?

제빵사라는 직업에도 Owner Chef, 기업 내 제빵사, 호텔제빵사 등의 진로가 있습니다. 소위 동네빵집이라고 하는 Window Bakery에서 근무하면 작업환경은 호텔이나 프랜차이즈 베이커리에 비해 어려울지 모릅니다. 하지만 미래를 내다보면, 작업환경보다는 더 많이 배울 수 있는 곳으로 가길 추천합니다. 젊어서 고생은 사서도 한다고 했습니다. 제가 운영하는 리치몬드 역시 대기업도 아니고 호텔도 아닌 Window Bakery일 뿐입니다.

우리나라 제빵 기술은 1990년대 이후 꾸준히 성장해서 지금은 경제 선진국 주요 7개국

▼ 1968년 풍년제과 근무시절

▲ 최초데코레이션 케익

▲ 풍년제과 시절 케익 작품

(G7)에 속할 정도입니다. 그만큼 소득 수준이 높아졌다는 것을 의미하죠. 경제적 수준이 높아지면 자연스럽게 제과와 빵을 선호하는 사람들이 많아집니다. 그러면 그 입맛에 맞게 기술도 더욱 발전하게 되겠죠.

최근에는 외국에서 우리의 제빵 기술을 배우기 위해 오는 경우도 많습니다. 인도네시아, 말레이시아 등의 동남아 국가에서 온 연수생들에게 연수를 해준 적도 있습니다. 국민소득이 높아질수록 제빵업계는 점차 미국·유럽·일본과 유사한 형태가 될 것입니다. 요즘 프랜차이즈로 인해 Window Bakery가 어려운 환경이지만 훗날에는 프랜차이즈에서 생산된 빵이 아니라 직접 손맛으로 만든 수제 빵을 선호하게 될 것이라고 생각합니다. 그렇게 되기 위해서는 우리 제빵사들이 꾸준히 연구개발을 해서 소비자의 입맛을 이끌 수 있어야겠죠.

Question 국내에서 제빵사로 계시다가 불쑥 일본으로 유학을 떠나셨는데, 계기가 따로 있었나요?

〈풍년제과〉에서 7년간 수련 후에 평소 존경하던 김충복 선생님의 소개로 삼선동에 있는 〈나폴레옹 제과점〉의 공장장으로 일하게 되었습니다. 당시에는 생긴지 2년밖에 안된 제과점이었지만 5명의 전 직원이들 밤낮으로 쉬지 않고 일한 덕분에 빠르게 성장할 수 있었습니다. 10년이 넘도록 공장장으로서 열심히 일하자 사장님께서는 저에게 일본 유학을 권유하셨습니다. 저도 일본에서 더 많은 것을 배우고 싶었지만 유학을 갈 수 있을 형편이 되지 않아서 고민이 되던 찰나였습니다. 사장님께서는 제 사정을 아시고 경비는 걱정하지 말고 열심히 공부만 하고 오라는 말씀을 하셨습니다. 덕분에 저는 일본 유학을 준비할 수 있게 되었습니다. 그때부터 일본에 가는 날까지 6개월 동안 죽자 살자 일본어공부에 매진했습니다. 낮에는 일을 하고 밤에는 공부를 하는 식이었습니다. 그나마 다행이었던 것은 어린 시절에 할아버지 곁에서 어깨너머 배웠던 한자공부가 일본어를 배우는 데에 보탬이 되었습니다.

▲ 풍년제과시절

▲ 오픈기념 블란서 기술 동창생

▲ 오픈 기념 기술자 초빙

Question 유학준비는 어떻게 하셨나요?

여권을 만드는 것부터 저에게는 고행 길이었습니다. 어디서 어떻게 만들어야 하는지 자체를 몰라서 문교부(현 교육부), 노동부, 외교부를 오가며 어렵게 유학 비자를 받았습니다. 난생처음 국제선 비행기를 타고 일본으로 가서 공부를 할 수 있다는 것에 가슴이 벅차올랐습니다. 저를 믿고 유학을 보내주신 사장님이 얼마나 감사하게 느껴졌는지 모릅니다. 그만큼 열심히 공부해서 은혜를 갚아야겠다는 생각에 더욱 열심히 공부했습니다.

저는 일본에서 단기코스로 6개월간 공부를 했습니다. 일반학생들은 1년 과정으로 배우기도 합니다. 일본에 가기 전 최종미팅에서 김충복 선생님과 식사를 하며 여러 대화를 나누던 중 '일본연수를 다녀와서 얼마나 근무해야 되느냐'고 사장님께 여쭤봤습니다. 보통은 회사에서 유학을 보내줄 경우 다녀온 후 얼마동안은 의무적으로 그 회사에서 근무를 하기 마련입니다. 그런데 사장님께서는 '다녀온 다음날 바로 그만두어도 된다.'며 저에게 그러한 부담을 덜어주셨죠. 덕분에 별 걱정 없이 공부에만 전념할 수 있었습니다. 물론 그런 사장님이 좋아서 일본에서 돌아 온 뒤에도 〈나폴레옹제과〉로 돌아갔습니다.

Question 일본유학에서 가장 기억에 남는 일은 무엇인가요?

당시 도쿄제과학교 300여명의 학생 중에서 저는 유일한 외국인이었습니다. 낮에는 양과자, 밤에는 화과자 만드는 것을 배웠습니다. 일본은 제과제빵의 본고장인 유럽뿐만 아니라 전 세계의 기술을 모두 섭렵할 수 있는 나라였습니다. 당연히 일본에서 배운 모든 것들이 저에게는 자양분이 되었죠. 일본유학은 제 시야를 많이 넓혀주는 발판이기도 했습니다. 사실 제과제빵기술을 배울 요량이었지만 막상 일본에 도착해서 공부를 시작하니 우리나라보다 경제적으로나 문화적으로 발전된 모습에 더 많은 것을 배우고 싶어졌습니다. 그래서 매일 학원수업이 끝나면 버스를 타고 다니며 이곳저곳에 내려 제과점들을 찾아다녔습니다. 눈으로 직접 보고 느낀 것들을 메모하면서 스스로 공부하기 시작했습니다.

▲ 오스트리아 연수

▲ 나폴레옹제과 시연회

▲ 시바대회 첫 심사위원

일본으로 건너가기 전에는 누군가와 약속이 생기면 위생복을 벗고 나가는 것이 당연했습니다. 아무래도 그 때는 제빵사라는 직업을 자랑스럽게 생각하지 않았던 것 같아요. 그런데 일본에서는 그렇지 않았습니다. 일단 일본사람들은 엄청난 자부심을 가지고 일을 한다는 것을 알았습니다. 제빵사들이 앞치마를 걸치고도 당당하게 거리를 돌아다는 것을 보고 문화적 충격을 느꼈었죠. 일본은 제과제빵을 하나의 기술로 인정해주는 나라였습니다. 그날 이후로는 저 역시 당당하게 앞치마를 두르고, 위생복을 입은 채로 다방에서 커피를 마시러 갈 수 있을 정도의 용기를 얻었습니다. 그 때 제 머릿속에 들었던 생각은 단 하나였습니다.

'우리나라도 일본 못지않은 제과제빵의 선진국이 되었으면 좋겠다. 이렇게 제빵사들이 자부심을 갖고 당당하게 거리를 활보할 수 있는 문화가 형성되도록 해야지. 꼭 그렇게 만들어야겠다.'

또 한번은 실습을 나갔던 적이 있습니다. 우연히 좋은 분을 만나 유럽 양과자에 대해 배울 수 있었습니다. 오스트리아 쉐프였는데 잘 하지도 못하는 영어실력으로 그 분과 대화를 하기 위해 무던히도 애를 썼던 기억이 납니다. 그분은 쿠키를 만드는 기법이 대단했습니다. 처음 접하는 기법이었죠. 일정량의 쿠키를 구울 때 쿠키반죽을 짜고 나면 반죽이 딱 맞게 떨어졌습니다. 모자라지도 남지도 않았습니다. 이후에 한국으로 돌아와서 그분에게 배운 여러 제품들을 만들어 〈나폴레옹제과〉에서 매출을 상승시키는데 일조할 수 있었습니다.

Question **지금의 리치몬드제과점은 어떻게 시작되었나요?**

일본에서 돌아온 3~4년 뒤인 1979년 초에 책임자의 자리에서 물러나야겠다는 생각을 했습니다. 늘 공장장으로서 생산의 책임자보다는 직접 가게를 운영하고 싶다는 마음이 컸죠. 지금보다 더 늦어지면 기회가 없을 것 같았습니다. 이런 제 마음을 사장님께 조심스럽게 말씀드렸습니다.

"사장님, 어렵겠지만 지금부터라도 제 가게를 운영해보고 싶습니다."

사장님께서는 저의 결심에 용기를 북돋워주시면서 열심히 해보라는 답변을 주셨고, 그 길로 후배 한명과 함께 마포경찰서 옆에 10평짜리 점포를 얻어 장사를 시작했습니다. 당시에는 〈나폴레옹제과〉의 간판을 걸고 했습니다. 사장님은 제 인생의 은인 같은 분이셔서 은혜를 갚겠다는 생각으로 열심히 했습니다. 그렇게 5년 정도 가게를 운영하니 한계가 느껴지더군요. 분명 Owner Chef는 나인데, 나폴레옹 제과의 모든 방식을 따르다보니 품목이나 가격 등 저의 생각과 동 떨어지는 부분들이 있었습니다. 완전한 결정권이 없기 때문에 본전에는 없는 제품을 만들 수도 없었고 제품을 만들 때 배합도 당연히 바꿀 수가 없었습니다. 제가 더 성장하려면 완전한 독립이 필요하다고 느꼈습니다. 사장님께 용서를 구하고 〈리치몬드〉라는 새로운 이름을 걸었죠. 비로소 가격도, 품목도, 제품개발도 제 마음대로 할 수 있게 된 것이었습니다. 다시 생각해봐도 잘 한 일이었어요.

〈리치몬드〉라는 이름은 우연치 않게 지었습니다. 처음 상호 명을 바꾸어야겠다고 생각했을 때에는 연습장에 열 댓 개가 넘도록 후보이름을 썼다가 지웠다가 했었는데, 다 마음에 들지 않았습니다. 그러던 중 부산에서 서울로 오는 차 안에서 스치듯이 머릿속에 떠오른 단어가 '리치몬드'였죠. 예전에 스위스 르체르에 있는 리치몬드 제과학교에 연수를 간 적이 있었습니다. 그곳의 시스템을 많이 보고 배웠던 기억이 강하게 남아있습니다. 욕심이 나던 시스템이었기 때문에 제 머릿속에서 인상깊이 남아있었나 봅니다. 그

이름이 생각난 순간부터 다른 이름이 눈에 들어오지 않았습니다. 우여곡절 끝에 '리치몬드'로 결정을 했는데, 리치몬드(Richmond)가 고유명사여서 특허를 낼 수가 없었습니다. 그래서 중간에 e를 넣고 마지막에 d가 아닌 t로 바꾸어 등록을 했습니다. 그렇게 〈리치몬드(Richemont)제과점〉이 탄생하게 된 거죠.

　제과점을 차리고 나서도 돈이 좀 생긴다 싶으면 수시로 일본행 비행기 티켓을 샀습니다. 생활을 할 수 있는 생활비만 생기면 일본의 유명한 제과점으로 가서 견습생 일을 하고는 했었죠. 더 배우고 성장하기 위해서는 국내에만 머무를 수 없기 때문에 일본도 가고 유럽도 가며 공부를 했던 것이죠. 당시 국내에서는 유럽으로 가서 공부하는 제빵사가 없었기 때문에 갈 기회도 없었습니다. 너무나도 가고 싶은 마음이 간절했을 즈음, 일본 동경제과학교를 함께 다닌 동기들이 유럽에 간다는 소식을 접했습니다. 이때다 싶어 바로 동경으로 넘어갔었죠. 그리고는 그들 사이에 끼어서 유럽을 따라갔습니다. 스위스와 독일 등 여러 곳을 가보고 새롭게 알게 된 것들이 많았습니다. 부끄럽지만 지금껏 내가 만들어왔던 빵과 과자가 국적이 어딘지도 모른 채 만들어 왔는데, 그제야 알게 되었습니다. 그 뒤로는 어떤 문화 속에서 만들어진 빵인지 이해하게 되었고 지금까지도 관련 전시회가 있으면 찾아다니며 분석하고 공부하려고 노력합니다.

　'오늘 만든 빵은 오늘 팔아야한다.'

　빵을 만들 때에 가장 신경 쓰는 부분입니다. 처음 가게를 냈을 때에도 하루 동안 팔리지 않고 남은 빵들은 마포경찰서 경찰 분들께 간식으로 기부하기도 했습니다. 물론 지금은 그런 걱정을 하지 않아도 되지만 당시에는 우리밀과 유기농계란 등을 쓰며 건강식품을 고집하는 제가 과연 옳은 것인지 고민도 되었습니다. 제과제빵을 손님에게 사랑받는 하나의 음식문화로 만들기 위해서 애쓰다보니 40년간 꾸준히 저만의 제과점을 운영할 수 있었습니다.

　제빵 역시 유행을 타는 패션과 같기 때문에 고객보다 앞서 흐름을 파악하고 연구하지 않으면 외면 받습니다. 반면에 누가 뭐라든지 빵만 맛이 있다면 손님은 스스로 찾아오기 마련입니다. 물론 남들보다 한발 앞서 지속적으로 연구한다는 것이 그리 쉬운 일은 아니지만 노력의 결실로 손님들에게 사랑받는 빵을 만들게 되면 그만큼 뿌듯하고 보람됩니다.

▲ 제과기술학교 2회

▲ 블라디보스톡기술전수

▲ 36회 기능올림픽 심사위원

Question 제과점과는 별개로 리치몬드제과기술학원을 세우시게 된 이유가 무엇인가요?

처음 취업을 했을 때 많은 것을 배울 것이라는 기대를 했었습니다. 제과기술이 상당히 정교한 것이어서 모든 재료들을 그램(g)단위로 계량하여 공정을 정확하게 지켜야만 제대로 된 빵을 만들 수 있습니다. 그래서 처음에는 빵 반죽만 주로 했습니다. 열심히 하다보면 다음 단계의 기술을 배울 수 있을 것이라고 기대했었지만 더 이상의 가르침은 없었습니다. 배합을 알려주시는 것도 아니었고, 다른 기술들을 알려주시는 것도 아니었습니다. 그저 스스로 어깨너머 기술을 배워야 했었죠.

'어차피 맛은 손끝에서 좌우되는 것인데 꼭 저렇게까지 해야 할까?'
'선배들이 알고 있는 것을 가르쳐준다면 후배들이 시행착오를 겪을 시간도 줄이고 더 성장할 수 있을 텐데….'
'내가 만약 제빵사로 성공하면 후배들에게 아낌없이 기술을 가르쳐줘야지.'

학원을 설립하기까지 제가 성장하는 데 시간이 조금 걸리기는 했지만 처음 제빵을 시작할 때 저 스스로 약속했던 마음으로 제과제빵학교를 세우게 되었습니다. 그래서 수익에 대한 계산은 전혀 계산하지도 않았었죠. 교육은 돈을 벌려고 하는 순간 망가진다고 생각합니다. 만약 장소를 임대하는 데 있어 비용이 발생하게 되면 어쩔 수 없이 수익적인 부분을 고려해야하는 상황이 생길 수 때문에 그런 우려를 배제하기 위해서 학원 장소 또한 제가 소유하고 있어야 한다고 생각했습니다. 그래서 제과점 위층으로 학원 위치를 정했었죠.

만약 우리나라에서 제빵·제과 기술자로 성장하고 싶다면 모르는 것이 있을 때 후배에게라도 물어볼 수 있는 용기가 중요합니다. 그저 제품을 만들어내는 노동자로 남지 말고, 어디서든 공부하는 자세로 임해야 합니다. 유럽이나 일본의 경우에는 제과·제빵·초콜릿 등이 모두 전문점으로 분류되어있습니다. 빵은 빵대로, 케이크의 경우 양과자로. 그만큼 전문적이라는 얘기입니다. 그렇지만 우리나라는 제과제빵카테고리 안에 초콜릿·아이스크림·화과자 등이 다 속해있어서 기술자의 입장에서는 힘이 듭니다. 그래서 그만큼 많이 공부를 해야 하는 거죠.

요리사를 꿈꾸는 친구들이라면 자신감을 가졌으면 좋겠습니다. 1등만 살아남는 세상에서 교육을 받았지만 요리는 그렇지 않습니다. 틀린 것이 없고 다른 것만 있을 뿐이죠. Best one이 아닌 Only one이 되어야 합니다.

- -

문문술

- 경희대학교 조리과 졸업
- 청와대 비서실 조리책임자
- 서울 롯데호텔, 메이필드호텔 조리총괄책임자
- 국제요리대회 국가대표
- 한국조리기능장
- 대한민국 조리명장
- 한국산업인력관리공단 자격심사위원
- 국제기능올림픽 심사위원
- 호텔조리과 학부장

| 근무 외적 업무 |
- 대통령 접견시 손님에 따라 차 종류 선택 차별 접대
- 본관(직무실) 근무 중 다음 주 메뉴 작성 및 행사 진행사항 기안 작성 결재
- 계획에 따라 국가원수 방한 시 메뉴작성. 시식회 및 수정보안 작업
- 대통령 해외 출장 시 메뉴 작성 및 식재료 구매. 보관 운반 관계 기안
- 매주 토요일 다음 주 메뉴 작성 영부인께 결재 후 메뉴에 대한 직원 교육 및 토의
- 장기보관 식자재 구매처 확인 및 현장 방문 구매 등
- 지방 출장(각시도지사) 업무 보고 지방과 메뉴대한 협의 및 메뉴 작성
- 해외출장시 메뉴 및 식자재 구매 등

요리사의 스케줄

문문술
조리명장의
하루

21:30~
▶ 퇴근후 식사 및 가족함께의시간

05:30 연무관 운동
06:30~08:15
▶ 청와대 관저 출근 후 아침식사
  준비과정 점검 및 시식확인

21:30
▶ 하루 업무 정리(일지작성)
  및 내일 업무준비 지시 확인
20:30~21:30
▶ 대통령님 인사후 식사진행
  (본관. 영빈관 행사시;
  행사장 음식 관리감독 및
  행사 진행)

08:20~09:00
▶ 대통령님 아침인사후 식사
  진행 및 대통령 출근 후 본관
  이동 일정확인 접견 시
  차준비 지시
09:00~10:30
▶ 시장조사 및 식자재 구매

13:00~17:00
▶ 본관 접겹 시 차 및
  간식 준비 관리 감독
17:00~20:20
▶ 관저 저녁식사 준비 및
  관리 음식 테스트

10:30~12:00
▶ 점심식사 준비. 확인 지시 맛 테스트
12:00~13:00
▶ 대통령 인사후 행사 준비 확인
  (행사없을시) 관저 점심식사
  준비 및 진행

▲ TV출연 모습

Question 학창시절에 어떤 학생이었나요?

"문술아, 항해사가 되는 것은 어떠니?"

뚜렷한 장래희망을 가지고 있지 않던 중학교 3학년시절, 부모님은 저를 앉혀두고 안정적인 생활이 보장된 항해사를 권유하셨습니다. 큰 관심은 없었지만 싫지는 않았기 때문에 부모님의 의견에 따랐고, 일사천리로 저의 미래가 그려졌습니다. 우선 목포에 있는 해양고등학교로 진학을 해서 항해사로 바로 취직할 수 있도록 진로를 설계한 것입니다.

그렇게 짜인 대로 흘러가는 듯 했습니다. 그러나 생각지도 못한 변수가 생겼습니다. 고등학교진학시험에서 저의 해양고등학교 진학이 어렵게 되어버린 것입니다. 그 사실을 알게 된 순간부터 부모님얼굴을 뵐 면목이 없어졌습니다. 그래서 이렇다 할 계획도 없이 중학교를 졸업하자마자 무작정 서울로 올라왔습니다.

'사람이 태어내면 서울로 보내고, 말이 태어나면 제주도로 보내라.'는 말이 있습니다. 그당시만 해도 서울로 가야 성공할 수 있다는 인식이 강했었지요. 그런데 막상 서울에 와 보니 갈 곳도 없었고, 막막하기만 했습니다. 어떻게든 잠 잘 곳을 찾아야 한다는 생각에 숙식이 가능하다는 식당에서 일을 하기 시작했습니다. 식당에서 일을 하고는 있었지만, 어린 마음에도 공부에 대한 미련은 남아서 경희대학교 구내식당에서 배달 일도 하면서 학교 주변을 맴돌았었습니다. 결국 공부를 더 하고 싶어서 한영고등학교를 입학했습니다. 학교를 야간으로 다니면서 여러 식당에서 아르바이트를 병행했습니다. 고된 생활이었지만, 그때처럼 더 열심히 공부했던 시간도 없었던 것 같습니다.

Question 요리에 어떻게 입문하시게 되었나요?

식당일을 여럿 하다 보니 자연스럽게 '요리'를 접할 수 있었습니다. 그 즈음이었습니다. 고등학교를 졸업하고 갈 길을 정해야하는 상황이 왔는데, 그 동안은 보고 흉내 내는 정도였으니 보다 전문적으로 요리를 공부해 보아야겠다고 생각했습니다. 서당 개 3년이면 풍

▲ 롯데호텔 메뉴개발 평가모습

▲ 2007년 미스코리아선발대회 조리총괄

월을 읊는 다는 말이 정말 없는 말이 아니었나봅니다. 실제로 요리 공부를 하는 내내 제가 한식·일식·중식당 등 여러 곳에서 보고 배운 것이 많은 도움이 되었습니다.

Question   요리사로서 처음 하시게 된 일은 무엇이었나요?

어린 시절 저는 내성적인 편이었습니다. 그런데 혼자 객지생활을 시작하면서 다양한 아르바이트를 하다 보니 성격이 바뀌었습니다. 더불어 제 삶도 완전히 달라졌죠.

저와 요리의 인연은 먹여주고 재워준다는 특별혜택이 있는 식당일을 하면서였습니다. 그러나 이것도 계속 하니 다른 사람들보다 조금 더 잘하게 되었고, 그것은 곧 실력이 되었습니다. 고등학교까지 졸업하고서 김포공항 내에 있는 커피숍에서 3년간 일했습니다. 당시 인천국제공항이 생기기 전이었고, 한창 관광객이 많아지던 시대라서 김포공항은 말 그대로 정신없었습니다. 그렇지만 이것 또한 저의 경력에 많은 도움이 되었습니다. 바쁜 곳에서 정신없이 보내다보니 자연스럽게 요리스킬이 향상된 셈이었습니다.

이후에 1978년, 롯데호텔에서 일을 하기 시작하였습니다. 이때부터 본격적인 요리사의 길로 들었다고 할 수 있겠네요. 그 당시 롯데·신라·워커힐 등 호텔들이 막 생겨날 시기였기 때문에 요리사를 많이 채용했었습니다. 롯데호텔의 경우에는 요리사만 400명을 뽑았습니다. 호텔 및 백화점 내에 식당이 많았는데 시작하는 단계라서 임대하여 들어올 사람이 없었기  때문에 모두 호텔 내의 요리사들이 요리를 한 것입니다. 롯데호텔에는 Second Cook으로 입사했습니다. 저는 이전에 요식업에서 아르바이트를 했던 경험들이 모두 인정되어서 요리와 관련해 경력이 남들보다 많은 편이었습니다. 이후에는 롯데호텔에서 20년 동안 일하고 선임과장까지 지냈습니다. 프렌치(프랑스)레스토랑에서 12년, 선임과장·연회과장으로 8년을 일했죠. 프렌치요리도 까다로워서 배울 것이 많았지만, 특히 연회과장을 할 때는 결혼식·세미나 등 행사도 다양하고 한식·일식·중식·양식 등을 모두 다루어야 했기 때문에 저 스스로도 많이 배우는 시간들이었습니다. 더불어 20년 동안 근무하면서 부산, 잠실, 제주도 등에 롯데호텔이 오픈할 때마다 여러 프로젝트를 진행하기도 했어요.

Question 요리사에 대한 주변의 인식은 어땠나요?

제가 요리사로서 본격적으로 사회생활을 시작할 당시에는 지금처럼 사회적인 시각이 긍정적이지만은 않았습니다. 결혼하기도 어려운 편이었죠. 그런데 1986년에 아시안게임이 열리고, 1988년에 서울올림픽이 개최되면서 요리사에 대한 시선이 바뀌기 시작했습니다. 그 때부터 우후죽순 요리프로그램도 생겨나고 언론에서 요리사에 대해 노출을 적지 않게 하기 시작하더니 2002년 한·일 월드컵 때에는 '한국음식의 세계화'가 이슈가 되어 많은 사람들이 한식을 사랑하는 단계까지 오게 되었습니다.

제가 일을 시작하던 1960년대에는 요리사의 업무는 소위 말하는 막노동과 비슷했습니다. 근무시간은 길기만(정해진 시간은 있었지만 대부분 온종일 근무) 했고 쉬는 날도 없었습니다. 주방기구 또한 지금처럼 좋지 않아서 조개탄(연탄을 조개같이 만들어놓음)을 피워 요리를 해야 했습니다. 새벽 4시에 일어나서 조개탄을 미리 피워놔야 아침 식사를 할 수 있었죠. 심지어는 종이도 귀했기 때문에 불을 쉽게 피울 수도 없었습니다. 70년대 초반에는 석유버너가 생겨나고 이후에 가스버너가 생겨나는 등 현재는 그 시절이 무색하리만큼 업무환경이 편리하고 좋아졌습니다.

Question 요리사의 역할은 무엇인가요?

사실 처음에는 요리가 쉽게 느껴지지만 계속 하다보면 어렵기만 합니다. 식재료의 원래 맛을 잡아내야하기 때문입니다. 예를 들자면, 양파 하나를 두고 보았을 때 여름양파와 가을양파가 맛이 다릅니다. 여름양파는 수분이 더 많은 편이라서 같은 메뉴를 조리하더라도

▲ 조리경연대회 대상수상

▲ TV출연 모습

그 방법이 달라야 합니다. 불을 어느 강도로 맞추고, 어느 타이밍에 줄이느냐에 따라서 음식 맛이 차이가 납니다. 이런 세밀한 부분을 알아내려면 최소 20년을 해야 알 수 있기 때문이죠. 지식은 책에서 배울 수 있지만, 지혜는 실패에서 배웁니다. 요리는 지식이 아닌 지혜로 하는 것이기 때문에 무조건 해봐야 알 수 있습니다.

더불어 이제는 요리사가 요리만 잘 해서는 안 됩니다. 컴퓨터도 잘 해야 합니다. 식자재의 원가도 잘 알아야하죠. 총주방장의 경우, 식당 경영에 반드시 필요한 부분은 기본적으로 다 알고 있어야 합니다. 메뉴관리 및 개발, 원가 관리, 재고관리, 인원관리, 식자재관리, 수도, 광열비관리, 위생관리, 매출관리, 고객관리, 안전관리 등 주방에서 발생하는 모든 업무 외 고객요구 및 고객 관리사항, 대외홍보까지 모든 것을 책임지기 때문입니다.

현재 서울시내 특급호텔이 40개 정도 됩니다. 이곳들의 총주방장을 보면 보통 양식 요리사일 것입니다. 왜냐하면 양식은 프랑스·이탈리아·영국 등의 서양음식들이 다양한 편이고, 그만큼 조리사도 생각하는 폭이 넓다고 여겨졌기 때문입니다. 한식·일식·중식의 경우에는 각각의 한 분야를 다루기 때문에 상대적으로 그렇지 않은 경우도 생깁니다. 학생들을 가르치다 보면 한식·일식·중식·양식 등 한 분야만을 고집하기도 합니다. 하지만 이제는 한 분야의 전문가가 아닌 한식·일식·중식·양식을 고루 다룰 수 있는 역량을 가진 사람이 총주방장에 적합하다고 생각합니다. 학문에도 여러 분야의 융합이 필요하듯 요리도 마찬가지입니다. 한 분야만을 고집하다보면 시야가 좁아질 수 있습니다.

Question 요리사가 되기 위해 유학을 다녀오는 것이 좋을까요?

요리사가 되기 위한 유학은 '현실도피'라고 생각합니다.

옛날 식자재가 개방되지 않았을 때는 가는 것이 맞지만 이제는 모든 식자재가 개방되어 동일하게 들어옵니다. 그리고 지금은 세계가 1일 생활권이라서 한국에서도 세계 여러 나라 음식을 공부할 수 있는 기회가 많고, 서로 다른 문화의 차이를 배우러 간다고 하더라도 요리는 결국 신선하고 질 좋은 원자재 싸움이기 때문에 원자재에 대해서 얼마나 잘 아느냐가 관건입니다.

외국과 한국은 호텔 시스템이 분명하게 다릅니다. 7성급 호텔이라면, 레스토랑이 아니라 룸이 7성급인 것입니다. 호텔이 7성급이라고 해서 레스토랑 역시 반드시 7성급인 것은 아니죠. 그리고 7성급 호텔을 이용하는 분들은 자신만의 전담요리사를 동행하는 경우도 많습니다. 아무리 7성급 호텔이라도 호텔식당은 한두개밖에 없습니다. 오직 '양식'뿐이죠. 우리나라호텔에서는 총주방장을 하려면 한식·중식·일식·양식을 모두 알아야하는데, 해외 7성급 호텔에서 일을 했었다고 할지라도 많은 요리를 두루 알 수 있는 것은 아닙니다.

요즘에는 호텔 자체적으로 외국 호텔로 견학을 자주 보내주는 편입니다. 저 역시 롯데호텔에서 근무 했을 당시 시야를 넓히기 위한 목적으로 회사에서 동남아, 유럽 등지로 보내주었습니다. 미국 CIA요리학교에서 3개월간 연수를 받을 기회도 주었고요.

Question   문문술 조리명장께서 생각하시는 좋은 음식은 무엇인가요?

요리는 즐거운 일입니다. 사람이 살아가는 데 꼭 필요한 일이기도 하죠. 그리고 언제 어디서든 할 수가 있습니다. 좋은 음식은 뭐든 먼저 맛 볼 수 있습니다. 생활수준이 높아질수록 먹는 것이 중요하고 음식은 건강으로 직결되기 때문에 언제까지나 중요한 일일 것입니다.

한국은 국민소득 2만 불(약 2000만원)시대에 와있습니다. 국민 소득이 3만 불이 넘는다면, 현재 정점에 도달한 프랜차이즈는 서서히 사라질 것이라고 생각합니다. '먹는 것이 곧 건강'이라는 인식이 보편화되어 건강하고 값어치 있는 음식은 가격이 비싸더라도 찾는 사람이 많아질거에요. 음식으로 못 고친 병은 약으로도 못 고칩니다. 사람이 병이 난다는 것은 몸에 밸런스가 깨진 것입니다. 밸런스가 깨진 것은 음식을 고루 먹지 않았다는 것이죠. 제가 음식을 만드는 38년 동안 현장에서 수없이 강조했던 것이지만 쉽게 지켜지지가 않은 것입니다. 이제는 요리사가 변해야합니다. 요리사가 근무하는 식당이 성장해야 요리사에게도 좋은 것이지요. 일하던 식당이 없어졌다면 분명 요리사가 요리를 잘 못한 것이라고 생각합니다.

"급식실이나 구내식당의 음식이 맛있나요? 집 밥이 맛이 있나요?"

그 차이는 바로 '신뢰'입니다. 부모님이 만들어주신 음식이기 때문이죠. 제가 가르치는 학생들에게는 가치 있는 상품을 요리하라고 말합니다. 상품이라는 것은 만들어놓고 소비자를 기다리는 것이 아니라 소비자가 구매하게끔 만들어야만 하는 것입니다. 소비자가 찾지 않는 상품이라면 만드는 사람이 바뀌어야 하는 것이죠. 상품을 만드는 데 가장 중요한 것은 만드는 사람의 '기본자세'입니다. 정성이 들어가야 합니다. 만든 사람도 돈을 내고 사먹고 싶은 음식이어야 합니다. 본인이 먹지 않을 것을 판다는 것은 말이 안 되는 일입니다. 정성이 들어간 값어치 있는 음식이어야 상품이 될 수 있습니다. 그게 곧 좋은 음식인 셈이죠.

저와 함께 일했던 직원들에게는 강하게 알려주는 편이었습니다. 저와 같은 파트에 배치를 받으면 파트를 옮겨달라는 소리부터 나올 정도였으니까요. 그 과정들을 잘 이겨냈던 후배들은 현재 호텔에서 총주방장을 하고 있습니다. 저 또한 엄격하게 요리를 배웠습니다. 저의 멘토는 프렌치주방장이었는데, 손도 말도 빠르고 실력도 좋은 분이었죠. 그분의 영향으로 오랜 시간 요리사의 길을 잘 걸어올 수 있었던 것 같습니다.

 **호텔에서 요리사로 근무하시다가 어떻게 청와대로 가시게 되셨나요?**

롯데호텔에서 연회과장을 할 때였습니다. 종종 야당 조찬모임을 진행하고는 했었는데, 어느 날은 관계자분이 저를 찾아오셨습니다.

"괜찮으시다면, 이번에는 양식이 아닌 해장국으로 조찬모임을 가질 수 있을까요?"

당시 호텔 메뉴에는 해장국이 없었지만 그 정도는 할 수 있는 일이었으니 간단하게 해장국·김치·밥으로 상을 차렸습니다. 그 이후로 김대중 전(前)대통령께서 가끔씩 들러 식사를 하러 오셨고 그 때마다 인사를 드리며 지내왔습니다. 그러다 한번은 자택으로 외국 유명인사가 손님으로 오는데 식사를 준비해 달라는 부탁을 받았습니다. 그렇게 몇 차례 방문해 식사 준비를 해드렸더니 그냥 청와대로 들어와서 음식을 해주면 어떻겠냐고 말씀을 하셨습니다. 호텔 측에 사표를 내지 않고도 청와대에서 근무할 수도 있었지만, 그렇게 되면 계약직으로 일하게 되는 것이라서 잘나가던 선임과장생활을 마무리하고 청와대에서 공무원 생활을 시작했습니다. 처음에는 4급 공무원으로 시작했고, 1년 뒤에는 3급 공무원이 되었죠.

저는 청와대에서 최초로 민간인 출신 요리사였습니다. 이례적인 일이었죠. 그 전까지는 청와대 내에서 처리해야만 했기 때문에 전문성이 낮았던 상태였습니다. 저는 '운영관'이라는 직함으로 청와대 내 모든 요리를 총괄하고 대통령의 모든 행사를 도맡아 진행하는 일을 했습니다. 제가 대통령의 하루 3끼부터 각종 행사 메뉴, 접견 차 종류, 외국 국빈(대통령 등)들의 식사 대접까지요.

 청와대에서의 일은 어떠셨어요?

청와대에서 근무하는 동안 제가 쉬었던 날은 딱 하루였습니다. 장모님께서 돌아가신 날이었죠. 하루도 쉬지 않았기 때문에 가족들과의 시간이 전혀 없었습니다. 당시 초등학생이었던 아이들이 가장 많은 불만을 갖고 있었습니다. 아이들과 함께 해주지 못해 아쉽고 미

▲ 故김대중 전(前)대통령과 함께

▲ 故노무현 전(前)대통령과 함께

안하기만한데, 그래도 아빠가 청와대에서 근무하고 있다는 점을 높이 평가해주고 자랑스러워 해주기도 했습니다.

식사 때마다 하루 세 번 대통령 내외를 뵙는데, 특수했던 여건인 만큼 긴장된 생활의 연속이었습니다. 주말이면 영부인께 요일별 메뉴를 보고 및 협의 후 확정하기도 했고요. 그렇지만 아무리 메뉴를 선정해 두었다고 할지라도 상황이 변하게 되면 고민을 다시 할 수밖에 없습니다. 그래서 아침밥을 하면 '저녁 메뉴는 뭘 해야 하나' 고민을 합니다. 이럴 때면 아내가 참 대단하다는 생각이 듭니다. 저는 집에서는 요리를 하지 않거든요. 어느 정도 도울 수는 있지만, 집 안에서는 아내가 저보다 더 명장이기 때문에 도울 일이 딱히 없죠.

원래 '하우스 쿡'이라는 것이 힘든 법입니다. 여러 사람을 위한 요리를 하는 것보다 단 두 명을 위한 요리를 하는 것이 어렵습니다. 같은 메뉴여도 기분에 따라 맛있다고 느끼기도, 맛없다고 느끼기도 하거든요. 한번은 맛이 없다는 이유로 직무실로 불려가 다시 잘하겠다고 말하고 나오는데 너무 당황해서 문을 못 찾은 적도 있습니다. 또 한 번은 주치의와 의견이 엇갈리기도 했습니다. 주치의는 몸이 불편하니 많이 드시면 안 된다고 제약하고, 저는 건강하게 많이 드실 수 있도록 식단을 차리니까요.

Question **청와대에서 가장 기억에 남는 일은 무엇이었나요?**

청와대에서 근무하는 동안 특별한 경험도 했습니다. 2000년 6·15선언 당시 평양에 요리를 하러 간 적이 있습니다. 냉동차 두 대에 식자재를 가득 싣고 갔는데, 그곳에서 세계 각국 대통령들의 식사를 총괄하고 음식을 만들어 서비스를 해드렸죠. 저만이 경험할 수 있었기 때문에 청와대에서 근무하는 것에 대한 자부심을 많이 느꼈었습니다. 간혹 이와 관련

되어 우리 음식을 외국인들이 맛 볼 때 긴장되지 않느냐는 질문을 받고는 합니다. 저는 그런 부분에서 염려가 되는 편이 아닙니다. 청와대 특성상 접견실에서 식사대접을 해야 하는 경우가 많습니다. 외국 국빈들도 많이 오시는데, 사실 외국인들의 경우에는 우리나라 음식이 색이 뚜렷하고 화려해서 처음 보는 음식이라는 점에 좋아해주십니다. 다른 나라 대통령들도 우리 음식에 대한 관심이 많아서 음식에 관련한 대화도 많이 나누실 정도입니다. 그런 소소한 이야기를 하다보면 국가적으로 잘 풀리지 않던 문제들도 잘 풀릴 때가 있답니다.

별정직이었기 때문에 근무기간이 정해져 있는 것은 아니었습니다. 누가 당선되느냐에 따라 달라집니다. 대통령이 바뀌어도 계속 근무하는 경우도 있고, 새로운 사람으로 바뀌는 경우도 있습니다. 저는 故노무현 전(前)대통령이 당선되면서 청와대를 나오게 되었습니다. 대통령낭선자 시설 인수위원회에서 면접을 통해 영부인과 협의하여 결정되는 것이지요. 아마 저보다 더 신뢰하시는 분이 따로 있으셨던 것 같습니다. 그렇게 매일같이 긴장의 연속이었던 청와대를 나오니 몸도 마음이 편하기만 했습니다. 호텔로 돌아갔을 때에는 제가 원하는 방향으로 요리를 할 수 있었기 때문에 일도 수월했고, 행사가 없는 날에는 일찍 퇴근해서 아빠노릇도 할 수 있었습니다. 그렇지만 한편으로는 청와대에서의 4년이 익숙해서인지 허전하기도 하더군요.

 **'조리명장'이라는 타이틀은 어떻게 붙여진건가요?**

늘 제가 중요하게 생각하는 리더십은 '솔선수범'이었어요. 내가 뛰어야 남들도 따라온다고 생각합니다. 내가 안하는데 누가 따라올까요? 지켜보다가 이건 아니다 싶을 때에는 제가 직접 뛰어 들어서 해결했죠. 그렇지만 지금은 시대가 많이 바뀌었습니다. 무조건 이끄는 것이 아니라 왜 그렇게 해야 하는지 충분히 인지시킬 수 있는 '합리적인 리더'가 중요

●별정직: 법률에 의한 특별한 규정이 없는, 국가 및 지방 공무원법의 적용을 받지 아니하는 공직. 선거에 의하여 취임하는 공무원, 임명에 관하여 국회의 승인을 필요로 하는 공무원, 국무 위원, 처장, 각부 장관, 대사(大使), 공사(公使), 법관, 교원, 군인 등이 이에 속한다.

하다는 생각을 합니다. 불, 물, 재료, 도구 등
모든 것의 원리부터 알 수 있도록 하는 편입
니다. 나와 다른 생각일 때는 그들의 이야기
에 경청하는 것을 중시하죠. 잘한 것을 더 잘
하게 만드는 것이 합리적인 리더의 역할이라
고 생각합니다.

보통 호텔에서 조리장을 하게 될 때에도 경
력과 실력을 평가고가에 적용합니다. 2008년 메이필드 호텔에서 근무 할 당시에 조리명
장에 선정되었습니다. 조리명장은 요리사를 처음 시작하면서부터 현재까지 경력, 자격증,
봉사활동, 메뉴개발 및 매출효과 등의 항목을 종합적으로 수치를 매겨 평가를 합니다. 저
는 사회봉사로 북한 어린이 돕기, 중학교 취업지도 등의 일들을 했었어요. 메뉴개발 같은
경우에도 자신이 했던 메뉴와 매출상승기록 등을 서류상으로도 증명해야하죠. 이 때 요리
사로서 가장 성취감을 얻었어요. 우리나라 조리명장이 8명밖에 되지 않는데, 그 중에 한사
람이니까요. 물론 이 것 외에도 더 있습니다. 조리사 최초로 청와대 공무원 3급(국장)이 된
것, 한식을 세계 각국 대통령에게 대접해 보았던 것, 우리의 식자재로 평양에 방문하여 김
정일 전(前) 국방위원장에게 식사를 대접했다는 것, 한식을 비롯해서 세계 각국 음식을 만
들 수 있었다는 것 등이요.

Question 요리사로서의 생활을 시작할 때
어느 곳에서 시작하는 것이 좋을까요?

우리나라의 음식문화는 점점 발전하고 있습니다. 100세 시대가 된 만큼 누구나 건강에
관심이 많아져있기 때문에 건강은 곧 식(食)입니다. 너불어 호텔산업역시 성장하고 있죠. 계
속해서 호텔이 생겨나고 있는 추세입니다. 앞으로 10년 이내에 수도권에만 호텔이 4~50
개 정도 될 거라고 생각합니다. 전문성을 쌓으면 충분히 대우를 받을 수 있는 직업이기 때
문에 쉽지는 않겠지만 호텔의 총주방장이 되면 1억 이상의 연봉을 받기도 합니다. 호텔만

고집할 필요는 없습니다. 옛날에는 호텔에만 좋은 식자재가 들어왔었지만, 이제는 모든 식자재가 오픈되었습니다. 일반 레스토랑이나 프랜차이즈도 괜찮습니다.

"배울 게 없어 그만 두겠습니다."

"넌 거기에서 뭘 하는데?"

"만날 감자만 튀겨요."

"감자는 어떻게 튀겨야 맛있는데?"

"냉동감자라서 그냥 튀기면 돼요."

"어떻게 튀겨야 맛있는 감자가 되는지는 알고 있니? 기름의 온도나 감자의 해동상태에 따라서 맛이 달라지는데, 적어도 감자하나 만큼은 내가 대한민국에서 최고로 맛있게 튀길 수 있다고 생각한다면? 정말 배울 것이 없을까?"

높은 직급까지 올라가기에 앞서 중요한 것은, 끝까지 갈 수 있는 사람인지 아닌지 조리사로 취업하고 3년 내에 결정됩니다. 3년 내에 배우지 못하면 배우기 위해 다시 처음부터 시작할 수도 없고, 10년 후에도 아는 것이 없을 것입니다. 취업을 할 때에 돈을 버는 것이 아니라 일을 배우러 간다고 생각하세요. 학교에서는 돈을 내고 배우기 때문에 누구도 압박하지 않지만, 돈을 받으며 배울 때는 압박하는 것이 당연합니다. 내가 잘못하면 시간과 재료를 낭비하기 때문입니다. 2~3년 동안은 돈이 아닌 일을 보고 직장을 결정하는 것이 중요합니다. 훗날 아는 것이 많아지면 내 월급을 내가 책정할 수 있지만, 아는 것이 없으면 직장에서 정해진 월급으로만 일을 해야 할 것입니다.

회사마다 다르겠지만, 메이필드호텔은 정년이 좀 이른 편이었습니다. 다른 회사들의 경우 55~60세까지 일할 수 있습니다. 보통 정년퇴임을 하고 나면 더 이상 일을 하지않고 쉬는 분들이 많습니다. 그런 시니어 요리사들이 퇴직 후 일을 계속 할 수 있도록 Owner chef 경영 교육이 필요하다고 생각합니다. 그렇게 되면 일자리 창출에도 기여할 수 있고, 음식 문화도 발전할 것이라고 기대합니다. 음식에 대해 잘 모르는 사람들이 식당을 하는 것보다는 제대로 공부하고 경력을 쌓은 사람들이 식당을 낸다면 당연히 음식문화가 발전하겠죠. 하지만 Owner chef가 되는 사람들은 많지 않아 아쉽기만 합니다. 지금 저 또한 Owner chef가 되려고 준비하고 있는데, 두려움보다는 설렘이 더 먼저입니다. 음식은 건강과 직결되기 때문에 사람들은 절대 간과하지 않을 것입니다. 이제 우리나라도 음식의 질보다 양을 따지는 시대를 지나, 자신에게 맞는 더 나은 질의 음식을 택하고 있기 때문이죠.

Question 요리사가 되는 데 학력이 크게 중요하나요?

현재 4년제 대학교를 나온 것과 2년제 대학을 나온 사람들에게 주어진 요리사들의 시장은 똑같습니다. 처음 일을 시작할 때에는 차이를 잘 느끼지 못합니다. 그렇지만 요리사로서 성장하면 할수록 그 필요성을 느끼게 됩니다. 저 또한 호텔에서 근무를 하며 경희대학교를 다녔습니다. 제가 대학에 갔던 이유는 더 열심히 노력해야만 했기 때문입니다. 공부라는 것이 자기가 하고 싶을 때 가장 열심히 할 수 있기 때문이죠. 단순히 학력이 중요한 것이 아닙니다. 끊임없이 공부를 하지 않으면 자만에 빠지기 쉽습니다. 그래서 저는 지금도 책을 많이 보는 편입니다. 일부러 출·퇴근시간에 지하철을 이용하면서요.

제가 호텔에서 일할 당시에 자주 오시던 회장님이 한 분 계셨습니다. 평소 지인들과 오시면 선호하시는 와인으로 두 병을 드신다는 것을 알고 있었기 때문에 두병만 준비를 해두었습니다. 그런데 그날따라 더 찾으시는 거였습니다. 여분이 없어서 다른 와인을 드렸더니 회장님께서 언짢으셨던 모양이었습니다. 결국 야단이 났고 저는 연거푸 사과를 드렸어야 했습니다. 그 일이 있은 뒤에 당시 회장님의 비서분께서 저를 조용히 부르셨습니다.

"윗 사람을 모실 때에는 처음부터 정확한 데이터를 말씀드려야 해요. 회장님께서 스스로 판단하는 것이 아니라 정확한 데이터를 보고 판단을 하셔야 하니까요. 미리 와인이 두병만

▲ 학생들과 토론

▲ 학생지도

준비되어있다고 말해주셨다면 지금과 같은 상황은 벌어지지 않았을 것 같아요.”

단순히 요리사는 '요리만' 잘 해서는 안 되는 것이었죠. 요리사는 '요리도' 잘 해야 합니다. 그래서 지금 학생들에게도 넓게 보는 눈이 필요하다고 알려주고 있습니다. 특히 요리사에게는 상상력과 유연한 사고가 중요합니다. 사람마다 생각이 다르다는 것을 받아들일 줄 알아야 합니다. 이전에는 먹고 살기가 힘들어 식당을 한다고들 했지만, 이제는 그렇지 않습니다. 좋은 음식을 찾아다니는 세상입니다. 기발하고 특별한 내 것을 발견해서 자신만의 강점으로 발전시켜야 합니다.

Question 소위 말하는 직업병이 있으신가요?

저는 하루에 4끼를 먹습니다. 집에서도, 밖에서도 음식이 맛이 있든 없든 고루 먹습니다. 식탁위에 놓인 것은 모두 먹는다고 생각하시면 됩니다. 고기 집을 가더라도 밑반찬과 야채까지 모두 골고루 먹습니다. 대신 밥을 적게 먹는 편입니다. 밥은 반찬을 중화시키는 역할로만 생각해요. 이렇게 다양한 음식을 맛 볼수록 저만의 요리철학이 풍부해집니다. 또한 항상 아이디어를 메모하는 습관을 가지고 있습니다. 나중에 음식을 만들 때 그 메모를 반영하면서 좋은 방향으로 발전시키는 편입니다.

Question 요리사를 희망하는 친구들에게 해주실 말씀이 있으시다면요?

요리사를 꿈꾸는 친구들이라면 자신감을 가졌으면 좋겠습니다. 1등만 살아남는 세상에서 교육을 받았지만, 요리는 그렇지 않습니다. 틀린 것이 없고 다른 것만 있을 뿐이죠. Best one이 아닌 Only one이 되어야 합니다. 제가 아무리 조리명장이라 할지라도 친구들이 만든 것이 충분히 좋은 요리일 수 있어요. 그러니 자신감을 갖고 꿈을 이루도록 노력하셨으면 좋겠습니다.

드라마 〈파스타〉의 영향인지 사람들은 요리사에 대해서 권위적이고 화를 잘 내는 사람으로 생각하시는 분들이 많은 것 같습니다. '요리사'라는 직업자체가 권위있는 직업이 아닙니다. 권위를 높이려는 생각보다 자신이 할 수 있는 분야에 대해 다양성을 추구해야합니다. 그저 옆집 삼촌이나 아저씨같이 친근한 사람, 맛있는 건강한 요리를 해주는 사람이라고 생각이 들어야 하고 앞으로도 그렇게 바뀌어 갈 거라고 생각합니다.

샘킴 (김희태)

- 보나세라 총괄Chef
- 투릴루사Chef
- 모짜 Chef
- 워투그릴Chef
- 올토랑Chef
- 미국 스타쉐프협회 아시아 스타Chef 선정
- 저서 <샘 킴의 판타스티코 이탈리아>, <소울푸드>, <파스타>, <샘킴의 이탈리아요리>
- 방송 <샘&레이먼 쿠킹타임>, <올리브쿠킹타임>, <쉐프의 키스> 등 출연

요리사의 스케줄

샘킴
요리연구가의
하루

09:00~ 출근
▸ 에피타이져, 파스타,
디저트, 메인요리등
각 파트장들의 보고받기

11:00
▸ 회의 및 브리핑
식재료 검수예약상황
확인, 전날 특이상황 및
당일 예약상황 브리핑

12:00
▸ 주방 운영 확인 점심

14:30
▸ 저녁시간에 필요한 것들 지시,
테스팅, 외부활동, 메뉴 연구

21:00
▸ 영업종료
22:00
▸ 청소, 다음날 필요한
식재료 주문 및 작업

23:00 ▸ 퇴근

어린 시절 장래희망은 무엇이었나요?

하고 싶은 것이 너무 많은 시절이었습니다. 특별한 꿈이 있었던 것은 아니었지만, 막연히 회계사 같은 전문직을 희망했었죠. 전문적인 분야에 종사하는 것이 평범한 회사원이 되는 것보다 나만의 색을 나타낼 수 있기 때문에 좋겠다는 생각을 했었습니다.

 진로를 결정하는 데 영향을 주신 분은 누구인가요?

어머니께서는 하숙집과 식당을 운영하셨습니다. 어린 시절을 회상하면 요리하시는 어머님의 모습이 너무도 익숙한 풍경이었죠. 제가 장남이어서 어머니의 일을 많이 도와드렸습니다. 동생은 개구쟁이였고, 저는 말을 잘 듣는 아이였습니다. 더구나 어머니의 일을 돕는 것이 재미있기도 했습니다. 파를 다듬는다거나 꼬막을 까는 것까지 도요. 그래서 동생처럼 따로 학원 갈 시간이 없었죠. 어머니께서는 저를 듬직하게 여기면서도 동시에 미안해하기도 하셨습니다. 학교를 다녀오면 어머니의 심부름으로 시장에 가는 일이 많았습니다. 어머니는 여러 가지 일을 하시다 보니 보조역할이 필요하셨죠. 혼자서 시장에 어머니께서 재료를 적어주신 메모를 보면서 장을 봤습니다. 재료를 사가지고 집에 돌아갈 즈음이면 학원에 가는 친구들과 마주치게 되는 일이 많았습니다. 어린마음에 저는 학원에 가지 않고 시장을 보아 집으로 돌아가는 모습을 보이기가 싫었습니다. 그래서 매번 골목을 빙 돌아 20분정도 돌아가고는 했습니다. 이런 제 마음을 모르시는 어머니께서는 바쁜데 왜 이리 늦게 온 거냐고 야단을 치셨지만, 저는 창피한마음이 더 컸기 때문에 말도 못 꺼냈었습니다. 한번은 하굣길에, 이모 댁에 들려 참기름을 세병 받아오는 길이었는데 친구들이 술래잡기 한번 하자고 해서 참기름 병을 들고 뛰다가 모조리 깨뜨린 적이 있었습니다. 그날 저는 어머니께 호되게 혼이 났고 집에서 내쫓아졌습니다. 어렸지만, 요리를 하는 사람이 식재료를 얼마나 소중하게 생각하는지 깨달았었습니다.

이렇듯 저의 진로에 가장 큰 영향을 미친 사람은 어머니이십니다. 늘 어머니께서 요리하시는 모습을 보며 자란 저는 요리를 준비하는 과정 하나하나가 재미있게 느껴졌습니다. 어머니와 함께 장도 보고, 좋아하는 음악을 공유하는 것들이 저에게 아름다운 추억으로 깊이 남아있을 정도입니다. 어머니께 레시피를 받는다거나 요리비법을 전수받는다는 것은 아니지만 함께 요리를 즐기던 감성자체가 저에게는 아주 긍정적인 영향을 끼친 셈입니다.

초등학교 시절, 떡볶이 집에서 일을 하시던 어머니께서는 저녁 9시쯤이면 퇴근하시곤 하셨습니다. 그때마다 저와 제 동생은 현관문 앞에서 어머니를 오매불망 기다렸고, 어머니께서는 이런 저희들의 마음을 헤아려주셨는지 남은 어묵/떡볶이를 싸오셔서 함께 나누어 먹던 기억이 생생합니다.

어머니께서는 대기업에 입사해서 다니는 안전한 삶을 바라셨습니다. 어머니께서 요리를 오래 하셨기 때문에 아들이 같은 직업군에 속하는 것을 원치 않으셨죠. 제가 정식 요리사가 된 뒤에도 TV를 통해 사람들에게 알려지기 전까지는 그냥 주변 사람들에게 저의 직업에 대해 어떠한 말씀도 없으실 정도였으니까요. 어머니도 옛날 분이시라서 '요리사'라는 직업에 대해, 배우지 못하고 형편이 어려운 사람들이나 하는 것이라는 잘못된 인식을 가지고 계셨기 때문입니다. 그렇지만 지금은 누구보다도 저를 자랑스러워해 주시고 지지해주십니다.

 아버지께서도 '요리사'라는 직업을 선택한 아들을 응원해주시던 편이셨나요?

아버지께서는 작년 크리스마스이브에 돌아가셨습니다. 10년이 넘도록 크리스마스이브에는 레스토랑에서만 있었는데, 처음으로 병원에서 크리스마스이브를 맞이했었죠. 아버지께서는 전형적인 경상도분이셨습니다. 평소 애정표현이나 저에 대한 큰 관심의 표현도 없으셨습니다. 그런데 돌아가신 후에 유품정리를 하면서 아버지 핸드폰을 보게 되었는데 사진첩에 온통 TV에 출연한 제 모습들이 가득하더라고요.

"남자가 무슨 요리를 하냐. 미국까지 가서 주방 일을 하는 것이 말이 되느냐."

저를 보실 때면 못 마땅한 반응을 보이시곤 하셨는데 실제로는 한 분야에서 오래 일하고 인정받는 아들이 내심 자랑스러우셨던 모양이었습니다. 뒤늦게 아버지의 사랑을 느끼고 함께 하고 싶은 마음에 아버지께서 평소 입으시던 재킷을 가져와 집에서 따로 보관하고 있습니다.

 **미국유학을 결심하게 된 계기가 무엇이었나요?**

좀 독특한 계기를 갖고 있어요. 저는 어려서부터 프로레슬링 경기를 즐겨봤었습니다. 경기를 보다보니 자연스럽게 미국이라는 나라에 대한 막연한 궁금증이 생기더군요. 백인·흑인·동양인 등 다양한 국적과 종교의 사람들이 한 자리에 모여서 하나의 스포츠에 열광하는 것이 신기하기만 했습니다. 이것을 주최하는 미국에 가보고 싶다는 생각이 커졌습니다. 이 때문인지 요리에 대해 깊이 있는 공부를 하기위해 진로를 고민하던 고등학교시절, 미국유학을 결심하게 되었습니다. 물론 프랑스나 이탈리아도 요리를 배우기 좋은 곳이어서 많이들 가지만, 제 생각으로는 상대적으로 다양한 요리를 배울 수 있는 미국이 더 낫겠다는 생각을 한 것이었죠.

 유학을 준비하는 과정에서 가장 기억에 남는 일이 있다면 무엇인가요?

유학을 준비하던 당시 아버님의 회사에 부도가 나는 일이 있었습니다. 집은 경매로 넘어갔고, 고대하던 미국유학도 모두 물거품이 되고 말았습니다. 유학을 갈 수 있는 비자가 발

급되었지만 유학을 감행할 돈이 없었기 때문이죠. 그 때 너무 속상해 있던 찰나에 저희 어머니께서는 제2금융권의 힘을 빌려 저를 미국으로 보내주셨습니다. 그 때문에 어머니는 신용불량자가 되셨지만, 그 당시에는 저를 유학 보내 주신다는 것만으로도 좋았습니다. 지금 생각해보면 무척이나 이기적인 아들이었습니다. 하루가 멀다 하고 집으로 빚 독촉이 오고 이사도 해야 하는 정신없는 상황에서 저만 쏙 빠지게 된 셈이었죠. 저보다 한 살이 어렸던 동생은 집안이 어려울 때 떠나버린 저를 많이 원망했다고 하더라고요.

미국으로 유학을 간지 7년 정도가 되었을 때, 한국에 잠깐 들어왔던 적이 있습니다. 그 시간동안 저는 미국에서 너무 즐겁게 지낸 반면 저희가족은 힘든 시간을 보냈더라고요. 가족들이 힘들게 살고 있는 형편을 보니 마음이 아팠습니다. 한 달간을 함께 있다가 다시 미국으로 다시 가려니 발걸음이 쉽사리 떨어지지 않았습니다. 저는 독하게 마음을 먹고 미국으로 돌아갔고 이후 4~5년간 신앙생활을 열심히 하면서 요리공부에만 전념했습니다.

미국으로 유학을 가기 전에 따로 준비를 했던 것은 없었습니다. 어학연수 코스가 있었지만 저는 그럴만한 경제적 여유가 없었기 때문에 따로 교육은 받지 못했습니다. WWF의 프로레슬링 경기를 보면서 영어를 좋아했던 덕분에 영어회화가 낯설지는 않았습니다. 그래도 완벽하지 않았기 때문에 틈틈이 단어를 외우곤 했습니다. 무엇보다도 현지 사람들과 대화를 많이 했더니 금방 실력이 늘었습니다. 그렇게 7년간 주방에서 일하며 돈을 모아 요리학교에 입학하게 되었습니다. 이미 주방에서 경험이 있었기 때문에 상대적으로 알아듣기 쉬운 수업내용들이었습니다. 덕분에 수석으로 졸업할 수 있었습니다.

Question 미국에서의 생활은 어떠셨나요?

미국으로 가서 처음 3년간은 일식요리사로 일했습니다. 별다른 고민거리는 아니었습니다. 미국에서 처음 밥을 먹었던 식당이 초밥 집이었기 때문이었죠. 요리사와 손님들이 식사를 하면서 대화를 주고받는 모습이 인상적이었습니다. 손님들이 맛있다며 바로 리액션을 해주는 모습이 좋아서 일식을 해야겠다는 생각이 바로 들었습니다. 실제로 지금도 손님들의 반응에 민감하게 반응하는 편입니다. 음식물을 버리는 통 앞에 서서 손님들이 남긴

음식을 체크합니다. 무엇이 문제인지 실시간으로 확인할 수 있는 것이죠. 너무 많이 남겼을 경우에는 손님에게 왜 남기셨는지 물어보기도 합니다. 손님에게 직접적으로 피드백을 받으면 보다 빠르게 개선할 수 있는 부분들이 있기 때문입니다.

막상 미국에서 일을 시작해보니 일식요리는 갇힌 공간에서 일해야 한다는 것이 힘들었습니다. 이후에 이탈리안 요리를 배우고 나니 저에게는 역동적으로 움직여야 하는 이탈리아 요리가 잘 맞다고 느꼈습니다. 일식은 저와 잘 안 맞는다고 생각했는데 아이러니하게도 3년간 일식요리를 배운 경험이 저에게 장점이 되었습니다. 일식을 배우면 칼도 잘 잡을 수 있고 생선을 잘 알게 되거든요. 이탈리안 요리를 배울 때 동료들에게 생선다루는 법을 전수해주면서 이탈리안 요리의 노하우와 서로 교환을 하기도 했습니다.

주방 내에서 포지션을 정할 때 일반적으로 파스타는 이탈리안 사람이 해야 한다는 인식이 강합니다. 미국의 주방에 있을 때 저는 유일한 동양인이었습니다. 그래서 저에게는 파스타를 할 수 있는 기회가 잘 오지 않았습니다. 주방에서 한자리를 차지한다는 것 자체가 쉽지 않았습니다. 그러던 중에 주방이 너무 바빠서 한사람이라도 프라이팬을 더 잡아야 하는 때가 있었습니다. 기회는 이때다 싶어서 재빨리 프라이팬을 잡으러 갔습니다. 미국에서는 한국에 비해 수줍어하며 뒤로 빼는 것보다 적극적으로 나서는 것이 중요합니다. 이를 계기로 파스타의 한 자리를 차지할 수 있었습니다.

 미국유학 중에 돌연 한국으로
다시 돌아오시게 된 계기는 무엇이었나요?

"당신은 한국 사람인데 왜 남의 요리를 배우려고 합니까?"

외국을 나갈 때 저의 직업을 Chef라고 소개를 하게 됩니다. 그럼 당연히 'Korean Chef'라고 생각합니다. 물론 맞는 말이기도 하지만 저처럼 세계 음식을 공부한다면 한국의 식문화 발전에도 도움이 될 것이라고 생각합니다. 실제로 이러한 이유로 미국에서 한창 요리를 하다가 한국으로 돌아오게 되었습니다. 다른 방향으로 요리를 접근해보고 싶었기 때문이었습니다. 요리가 단순히 먹는 것 이상의 가치와 능력이 있다는 것을 전달하고 싶었습니다.

또한, 저는 기독교신자여서 종교의 영향을 가장 크게 받았습니다. 나이가 30대에 접어드니 '한살이라도 더 어릴 때 하고 싶은 것을 해 봐야겠다.'는 생각이 막연하게 들었습니다. 제 성격이 하고 싶은 것은 무조건 해봐야 하는 성격이기 때문에 시간이 좀 걸리더라도 꼭 해야겠다는 확신을 갖고 있었죠. 원체 '안 된다.'는 생각을 잘 하지 않는 성격입니다. 내가 무엇을 하든 할 수 있다고 입 밖으로 말하는 것이 중요하다고 생각합니다. 아침에 일어나면 스스로에게 말하며 최면을 걸 듯, 새로운 에너지를 불어넣곤 합니다.

그런데 막상 한국에 들어오고 나니 새로운 기회를 모색하겠다는 저의 꿈과는 달리 갈 곳이 없었습니다. 늘 요리만 하던 사람이 6개월이 넘도록 요리를 하지 않으니까 손이 근질거리기 시작했습니다.

"미국에서 일 잘하다가 갑자기 왜 한국으로 와서 그러고 있니?"

한국에 들어와서 일도 잘 풀리지 않고 후회가 들려는 찰나, 어머니께서 저에게 잔소리를 하시더라고요. 순간 오기가 생겼죠.

"두고 보세요. 1년 안에 TV에도 잘 나오는 유명한 Chef가 될 테니까요."

"아직도 정신 못 차렸구나. 꿈 깨고 어서 미국으로 돌아가라."

신기하게도 3개월 뒤에 지금의 레스토랑에 총괄Chef로 들어오게 되었고 TV에 출연도 하게 되었습니다. 사실 총괄Chef가 되는 과정이 쉽지만은 않았습니다. 출처도 모르는 서른셋의 젊은 요리사가 총괄Chef가 되려고 한다니 의심을 많이 받았죠. 5차까지 시험을 치

렀습니다. 그 과정에서 치사해서 안하고 싶다는 생각이 들긴 했지만 다시 생각해보면 충분히 의심할 수도 있겠더라고요. 제 바로 앞에 있던 Chef가 30년 경력의 이탈리안 Chef였기 때문에 기준치가 높을 수밖에 없었던 탓이었습니다.

Question '요리사'라는 직업에 대해 소개를 하신다면?

정말 요리를 좋아하고 사랑하는 마음에서 요리사라는 꿈을 키웠다면 일단 좋은 출발입니다. 최근 많은 매체에 요리사에 대해 좋게 비춰지다보니 유명한 연예인처럼 되고 싶은 생각이라면 권하고 싶지는 않습니다. 요리자체를 좋아하고 행복한 마음으로 요리하는 것을 즐겨야만 정성과 마음이 잘 전달 될 수 있습니다.

드라마 〈파스타〉의 영향인지 사람들은 요리사에 대해서 권위적이고 화를 잘 내는 사람으로 생각하시는 분들이 많은 것 같습니다. '요리사'라는 직업자체가 권위 있는 직업이 아닙니다. 직업자체가 권위를 높이려는 것이 아니라 자신이 할 수 있는 분야에 대해 다양성을 추구해야합니다. 그저 옆집 삼촌이나 아저씨같이 친근한 사람, 맛있고 건강한 요리를 해주는 사람이라고 생각이 들어야하고 앞으로도 그렇게 바뀌어 갈 거라고 생각합니다. 또 요리만 하는 것이 아니라 의사처럼 건강을 책임질 사회적 의무가 있고요.

현재 저희 레스토랑에 20대 초반에서 후반까지의 사람들이 모두 있는데, 젊은 사람들이 느끼기에는 개인시간이 많이 없어 힘들어하더군요. 스케줄도 불규칙하고 휴일에도 바쁘면 나와서 일을 해야 합니다. 일반 직장인에 비해 노동시간도 많고 하루 종일 서있어야 합니다. 퇴근을 해도 하루 종일  몸에 밴 음식냄새가 나기도 합니다. 이 모든 단점에도 불구하고 제가 주방에서 계속 일할 수 있는 이유는 바로 '열정'입니다. 스스로가 좋아서 해야만 합니다. 파스타를 배우러 왔다

가 일 년 동안 면만 삶는 친구들도 있습니다. 묵묵히 제 할 일을 해야 하고 때를 기다리는 근성을 보인다면 얼마만큼의 열정인지 가늠할 수가 있죠.

Question 요리사가 되기 위해서 해외유학을 다녀와야 할까요?

요즘 세대는 저와는 다릅니다. 해외유학을 경험삼아 한번쯤 다녀오는 것은 좋다고 생각합니다만 필수사항은 아니라고 생각합니다. 유학을 가더라도 탄탄히 배우고 시작하겠다는 사람과 2~3년간 현장에서 일을 한 뒤에 해외로 가겠다는 두 사람이 있다면, 저는 후자가 맞다고 생각합니다. 먼저 경험하고 해외에 간다면 같은 시간을 보내더라도 느끼고 배울 수 있는 범위가 분명 다를 것이기 때문이죠.

Question 대학에 진학해서 요리공부를 하는 것을 어떻게 생각하시나요?

대학에 진학해서 요리를 손에서 놓치지 않는다면 대학에 진학하는 것도 좋다고 생각합니다. 저 역시 고등학교를 졸업한 뒤에 2년제 요리학교에 진학했습니다. 꼭 요리관련 대학에 가지 않더라도 요리는 할 수 있습니다. 요리학원을 가거나 기타 음식점에서 따로 요리를 배울 수 있는 아르바이트를 하는 등 많은 방법이 있습니다. 전공이 무엇이던 대학이라는 곳은 다양한 사람을 만날 수 있다는 점에서 중요한 곳이라고 생각합니다. 다만 그 나이에 할 수 있는 것들을 놓치지 않는 것이 더 중요합니다.

제가 요리대학을 진학할 때, 주변에서는 이미 다 할 줄 아는데, 왜 대학에 가느냐고 물었습니다. 하지만 저는 그렇게 생각하지 않았습니다. 오히려 학교에 가서 기술을 배우는 것이 아니라 친구들을 만나서 세상이 어떻게 돌아가는지도 보고 아이디어를 얻을 수 있는 곳이니까요. 음식에는 라이프가 반영되기 때문에 어떤 경험을 했느냐에 따라 음식의 방향이 달라지는 것이죠. 요리에는 창의성도 필요합니다. 대학시절의 추억이 아이디어의 바탕이 될 수도 있습니다. 전공은 중요하지 않습니다. 실제로 주방에 지원하는 많은 사람들 중 요리를 전공하지 않은 사람들이 의외로 많습니다. 물론 요리를 전공하면 탄탄한 기초를 쌓을 수 있고 더 빨리, 더 많은 기술을 익힐 수 있다는 장점이 있습니다. 하지만 그런 엘리트코스를 밟는다고 해서 반드시 성공하는 것은 아닙니다. 어떤 환경에 있든지 자신의 열정이 더 중요하다는 것을 절대 잊어서는 안 됩니다.

Question 좋은 요리란 무엇인가요?

"어머님·아버님께 음식을 만들어 대접한다면 어떻게 만들 것인가?"

저 같은 경우에는 인성 또한 중요하게 생각합니다. 거짓말하는 걸 가장 싫어하죠. 실수를 했을 때 실수를 거짓말로 수습하려고 하면 엄하게 혼내는 편입니다. 제가 요리는 가르쳐 줄 수는 있지만 인성이 나쁜 것은 가르칠 수가 없습니다. 요리는 오로지 양심에 맡겨지는 것이 많습니다. 예를 들어 재료를 일정시간동안 볶아야 한다든지 재료의 유통기한을 지키는 일 등 본인만 알 수 있는 일들이 많습니다. 개인의 인성이 순간의 선택을 좌우하기 때문에 저는 스스로의 양심을 많이 얘기하는 편입니다. 한 접시를 만들더라도 깨끗하고 맛있게 정성껏 만들 줄 아는 것이 요리사가 가장 필요로 하는 자질이죠.

사람의 성향에 따라 다르겠지만, 저는 요리를 하면서 제가 느낀 행복한 감정을 전달하고 싶습니다. 그 감성 또한 어머니로부터 배운 것입니다. 요리하는 사람의 마음이 어떤 것인지, 요리는 어떤 마음으로 해야 맛이 있는지 등 자연스럽게 스며든 것이죠. 레스토랑 손님·요리프로그램 시청자·요리책을 읽는 독자 등의 사람들에게 저의 행복한 감성을 잘 전달하는 것이 제가 만드는 요리의 핵심 포인트입니다.

 **Question** '스타쉐프 샘킴'이라고 불리시는데,
방송출연은 어떻게 하시게 되셨나요?

이전에는 '요리사'라는 직업을 가진 사람이 TV에 나오면 연세가 지긋하신 장인 분들이 나오셨는데 그 틈에서 저를 새롭다고 느끼셨던 것 같습니다. 젊은 요리사가 레스토랑 총괄 Chef인데다 마침 젊은 총괄Chef를 소재로 한 드라마 〈파스타〉가 큰 인기를 얻다보니 저의 캐릭터가 시청자들에게 친숙하게 다가갈 수 있다고 느끼지 않았을까요? 여러 가지 프로그램에서 섭외요청이 왔지만 저는 말을 잘하는 연예인이 아니기 때문에 예능분야는 하지 않겠다고 생각했습니다. 그래서 저에게 가장 자연스럽고 잘 할 수 있는 요리위주의 프로그램에만 출연했습니다.

Question 요리사로서 가장 필요한 능력은 무엇인가요?

스스로 즐겁고 신나서 요리를 하는 것이 가장 중요합니다. 감각이라는 재능은 타고나는 것 같습니다. 부단한 노력을 통해 음식을 만드는 사람도 있고, 상대적으로 감각만으로 요리하는 사람도 있습니다. 그런 감각이 있는 사람은 재료를 하나만 바꿔도 완전히 다른 요리를 만들어 내기도 합니다. 센스가 있고 없는 차이니까요. 반면 그런 재능이 있는 사람들은 꾀가 많습니다. 재능이 없는 사람들은 미련하게도 묵묵하게 자신의 일을 하는 경향이 있는데, 재능만 믿고 요리를 하다보면 처음에는 돋보일지 몰라도 5년 정도만 지나도 노력하는 사람과 큰 차이를 내며 뒤처질지도 모릅니다.

저는 10년이 넘는 시간동안 요리에 빠져있었습니다. 놀러가 본적도 없었죠. 쉬는 날이면 요리 서적을 보러 다니고, 먹으러 다니기만 했었죠. 꿈에서 새로운 레시피로 요리하는 꿈까지 꿀 정도였으니까요. 잠에서 깨면 그 새로운 레시피를 기억해내려고 노력합니다. 칼을 새로 바꾸면 하루 종일 들고 다니고, 자기 직전까지도 주물럭거리며 손에 익혔습니다. 당시 레스토랑에서 일하며 Chef가 만드는 요리를 유심히 관찰하고 레시피를 입으로 중얼거리면서 외웠어요. 집에 가자마자 노트에 옮겨 적고 얼른 만들어 보기 위해서였습니다.

세프 샘 킴

레스토랑 보나세라 총괄 세프
Olive TV 샘&레이먼의 쿠킹타임
2010 아시아 스타세프 선정

"최후에 Chef는 요리가 아니라 비즈니스로 판가름 난다."

음식뿐 아니라 레스토랑 곳곳에 Chef의 손길이 닿아야 하기 때문에 그것이 잘 되었을 때 비즈니스가 잘 된다는 거죠. 결국 Chef의 능력이 요리가 전부는 아니라는 말인데, 요리만 계속 하고 싶다는 생각도 종종 듭니다. 그냥 제가 좋아하는 요리만 계속하고 싶습니다.

Question 메뉴개발은 어떻게 하고 있나요? 어렵지 않으신가요?

저희 레스토랑은 유독 많이 메뉴개발을 하는 편입니다. 저희는 계절별로 계절에 맞는 식재료만 사용한 메뉴를 개발하는데 색감과 분위기 등을 하나의 콘셉트로 맞춘 메뉴를 개발합니다. 제철에 나는 식재료가 가장 신선하고 맛있기도 하고, 고객들도 지속적으로 새로운 메뉴를 원하시기 때문이죠. 새로운 메뉴를 개발하는 것에는 생각보다 많은 작업이 필요합니다. 요리가 완성되어도 어떤 접시에 놓을지, 코스요리라면 어떤 요리와 함께 제공하는 것이 좋을지, 어떻게 장식하는 것이 좋을지 등 고민해야 할 것들이 많습니다.

메뉴개발을 많이 하면 주방이 살아있다는 느낌이 들어 좋습니다. 또한 계절메뉴를 계속해서 만들다보니 리서치하고, 만들고, 먹어보기도 하고, 조언하는 일들이 끊임없이 발생하는데, 힘들더라도 저를 가장 많이 발전시키는 부분이더라고요. 계절메뉴라는 것이 한 시즌만 판매하고 없어지기 때문에 하나의 요리를 6개월 이상에 걸쳐 만들 때에 비해 완성도가  낮다는 단점이 있습니다. 오랫동안 만들고 판매하다보면 지속적으로 피드백을 받고 보완을 하면서 완성도를 높일 수가 있지만 계절메뉴의 경우에는 그렇지 못하기도 하고요. 무엇보다도 제철 식재료라는 것이 재료자체가 신선하고 좋기 때문에 무얼 만들어도 맛있다는 점에 있어서 손님들이 후한 점수를 쳐주십니다.

제가 주방에서 일한지 17년이 다 되어갑니다. 지금껏 요리를 계속 하다 보니까 '요리'라는 것이 요리사의 라이프와 떼려야 뗄 수 없다는 것을 깨닫게 되었습니다. 머리로 짜내는 것이 아니라 생활 속에서 영감을 얻기 때문이죠. 저 역시 아기를 낳고나니 이유식에 관심이 많아져서 자연스럽게 간을 하지 않고 맛있는 것이 무엇인지 고민을 하게 되더라고요. 물론 메뉴를 얼마나 잘 연출하느냐는 스텝들과 다 같이 모여 회의를 합니다. 저 혼자 메뉴를 만들어 주방으로 넘기는 것이 아니라 제가 느낀 감정을 고스란히 스텝들에게 느끼게 해야 하니까요. 다행인건지 불행한 건지 슬럼프를 한 번도 겪지 않았습니다. 요리하는 것을 좋아하고, 맛있는 음식을 통해 누군가에게 행복을 준다는 초심이 변질되지 않는 이상 슬럼프는 없을 것이라고 생각합니다. 단순하게 내가 만든 음식을 누군가 맛있게 먹어줄 때 큰 만족감이 느껴집니다.

 ## 요리사로서 비전은 무엇인가요?

보통 쉬는 날이나 브레이크타임, 토요일 등에는 고아원, 다문화센터 등 어려운 지역에 찾아가서 봉사를 하는 편입니다. 봉사에 뜻을 둔 것은 미국에서 제 인생의 터닝 포인트라고 할 만한 사건이 있었기 때문이죠.

저는 늘 최고의 자리에 있는 사람이라면 남들이 인정해주는 레스토랑 · 식재료 · 레시피를 누려야 한다고 생각했습니다. 그래서 이직을 할 만할 때면 유명 레스토랑만을 추구했었죠. 그러던 어느 날 제가 일하던 레스토랑의 Chef가 저를 다운타운에 노숙자와 걸인이 많은 곳으로 데려갔었습니다. 그곳에서 Chef는 타코같은 저렴하고 배불리 먹을 수 있는 음식들을 만들어서 노숙자와 걸인들에게 나누어주더군요. 그동안 유명한 Chef들을 많이 봐왔지만 처음 보는 장면들이었고, 저 스스로 많은 생각들을 하게 되었습니다.

'나는 그동안 화려함과 유명세에 치우친 요리사의 삶을 추구했던 것이었나?'

요리의 철학이 바뀌게 된 순간이었습니다. 내가 가진 재능을 누군가에게 베푼다는 것 자체가 의미 있는 일이라는 것을 새삼스럽게 깨달았습니다. 내가 비싼 값을 지불하고 먹는 레스토랑에서만 요리를 한다면, 돈이 없는 사람들은 평생 내가 만든 음식을 먹지 못하게 되는 것이었죠. 이런 경험이 없었다면 화려함에 묻혀 지금과 같은 폭넓은 요리를 만들

지도 못했을 것입니다.

한국에 들어와서도 꾸준히 봉사활동을 하고 있습니다. 한번은 아이들에게 멘토링을 하기 위해서 고아원에 간 적이 있습니다. 그곳에서 중학교 2학년 여자아이를 만났는데, 그 친구의 꿈이 요리사라는 이야기를 들었습니다. 그 친구의 아버님은 심각한 알코올 중독이셨고, 어머니는 안 계신 상태였습니다. 저의 경험담과 함께 요리사라는 꿈을 잃지 않았으면 한다는 말을 해주었죠. 얼마 지나지 않아서 그 친구의 소식이 들려왔는데, 요리사의 꿈을 키우기 위해 하나 둘씩 요리를 배우고 있다고 했습니다. 그 친구가 애호박볶음요리를 배워 아버지에게 해드렸는데, 그걸 보신 아버지께서 펑펑 우셨다고 하더라고요. 딸 앞에서 당당한 아버지가 되겠다고 하시면서 많은 노력 끝에 술을 끊으셨다고 하셨습니다.

이 이야기를 듣고 저는 요리의 가격으로는 제가 만든 요리가 더 높을 수 있겠지만 가치로 따진다면 이 친구가 자신의 아버지께 해드린 요리가 진정한 가치 있는 요리겠다는 생각을 했습니다. 도리어 그 친구에게 제가 멘토링을 받은 느낌이었죠. .

이렇게 요리의 가치를 천천히 바꾸고 싶습니다. 단순히 배를 채우는 수단이 아니라 사람들에게 다른 가치를 전달할 수 있다고 생각합니다. 일반적으로 사람들이 절약을 하겠다는 생각을 하게 되면 식비지출부터 아끼게 됩니다. 가방이나 청바지는 헤지거나 망가지면 버릴 수 있는 것이지만 음식은 먹는 대로 쌓이기 때문에 건강한 식단으로 계속 챙겨야 합니다. 건강한 음식과 레시피를 만들고 소개하는 일들은 요리사들이 해야 할 일이라고 생각합니다.

앞으로는 조리사가 선호의 대상이 될 것입니다. 88년 서울 올림픽 이후 호텔과 외식산업이 활성화 되면서 조리사들도 관심의 대상이 되었고, 인력이 모자라기까지 해서 학교 및 교육기관에서 조리학과를 많이 편성하기도 했습니다. 호텔조리사가 등장하고 양식의 문화가 보편화되면서 사람들의 인식이 크게 달라진 것이죠. 앞으로 경제가 좋아지고 국민소득이 늘어날수록 외식산업이 발달할 것입니다. 그럴수록 조리사의 역할과 그 중요성 또한 높아질 것입니다.

박경식

- ● (재)세종문화회관 삼청각 총주방장
- ● (사)대한민국한식협회 이사
- ● 한국음식조리인연합 한식의 달인
- ● SBS대결요리 왕중왕 우승
- ● 한성대학교 경영대학원 석사
- ● 한국 산업인력 관리공단 자격심사위원
- ● 서울관광 글로벌한식 경연대회 심사위원
- ● 약선 요리 지도사 (약선요리협회)
- ● EBS 최고의 요리비결 (3회출연)
- ● OBS Food & 人 (셰프요리인생)
- ● MBC 생방송 오늘아침 (시사교양국)
- ● MBC 생방송 오늘의아침 (시사교양국)
- ● KBS 진미대탐험' (설특집 왕의 밥상)
- ● YTN 황금나침판 (사이언스TV라이프메거진)
- ● Amazing korean table 서울시주최 제1회 (한국대표)
- ● 서울시장 표창 (한식세계화 에대한 공로)

요리사의 스케줄

박경식
조리장의
하루

21:30~22:00
▶ 마감정리 및 퇴근
22:00 이후~
▶ 퇴근 후 집에서
　가족과의 대화 및 휴식

06:00　기상
06:30~07:20　출근
07:20~08:00
▶ 체력단련(체육관 또는
　북악산 둘레길 산행)

17:00~17:40
▶ 석식 및 휴식
17:40~21:30
▶ 오후영업(한식당영업,
기업행사,가족모임,웨딩등등)

08:00~09:30
▶ 식자재검수 및 재료점검,
예약현황 및 특별고객 파악
09:30~10:00
▶ 직원조회(출석점검 및
오늘의 요리준비 전달 예약
특이사항 전반적사항)
조리직원 스케즐
관리

12:40~15:00
▶ 오전영업(한식당영업,
별채연회등기업행사 가족모임 웨딩등)
15:00~17:00
▶ 재료점검 및 식자재
구매오다

10:00~11:00
▶ 오전오픈준비(재료준비등)
11:00~12:40
▶ 아침 및 점심 식사(하루두끼)

어린 시절부터 요리사의 꿈을 키우셨나요?

유년시절을 시골에서 보냈던 저는 줄곧 어른이 되면 직업군인이 되겠다고 생각했습니다. 제 위로 형님이 세 분 계셨는데, 군복을 입고 휴가를 나온 모습이 너무나도 늠름하고 멋있어 보였습니다. 어린 마음에 나도 크면 군인이 되겠다는 순진한 생각을 했었고, 실제로 중학교 2학년 때까지는 군인을 동경해왔습니다.

중학교 3학년이 되던 해, 아버지께서 돌아가셨습니다. 자연스럽게 가정경제에도 영향을 미쳤고, 학비를 마련하기 어려워 고등학교에 진학하지 못한 채 집안일을 도왔습니다. 이후에 저희 집은 부산으로 이사를 하게 되었고, 도시에서의 생활은 어린 저에게 새로운 도전으로 다가왔습니다. 기술이나 학력, 어느 한 가지 내세울 것이 없었던 시기에 무언가 내 것 하나를 만들어야 한다는 갈망이 저를 항상 지배했었습니다.

이런저런 고민을 하던 중 당시 친구가 일하고 있는 부천에서 공장 일도 해보았지만 한 달도 못 견디고 그만두었습니다. 비전이 보이지 않았고 무엇보다 일의 재미를 느낄 수 없었기 때문이었습니다. 그 뒤 다시 부산으로 내려왔지만, 방황은 계속되었죠. 그러던 중 요리학원을 등록하고 요리를 배우게 되었습니다. 무엇 하나라도 배우고 싶은 마음에 등록한 것이었는데, 이것이 저의 평생 직업이 된 셈이었습니다.

요리사가 된 직접적인 계기는 호텔에 근무하는 선배의 권유로 호텔 내부를 투어하게 되면서 결심을 하게 되었습니다. 주방에서 일하는 요리사들의 모습이 신선한 충격으로 다가왔었죠. 그렇게 부산 해운대 파라다이스 호텔에서 요리인생이 시작되었습니다. 처음 배정 받은 부서는 Bakery였는데, 주간·야간 3교대를 하는 시스템이라 야간을 3개월씩 하고나면  힘이 빠져서 파김치가 되곤 합니다. 그렇게 1년을 하고나니 요리부서에서 일하고 싶은 생각이 들었습니다. 총주방장님을 찾아가서 부서를 이동하고 싶다고 말씀을 드렸고, 얼마 있지 않아서 한식부서에 배정을 받았습니다. 본격적으로 한식요리를 배우게 된 것이죠. 진짜 요리를 배우는 재미에 푹 빠져 열심히 일했습니다. 지금도 그때의 기억을 떠올리면서 초심을 잃지 않으려고 노력합니다.

제가 한식만을 고집해서 일 해온지가 벌써 25년이 넘었습니다. 짧지 않은 세월인데 그래도 아직 갈 길이 멀다고 생각합니다. 요리는 하면 할수록 다양하고 그 깊이가 끝이 없습니다. 이렇듯 아직까지 한식에 심취해 있기는 한데, 또 다른 분야를 선택한다고 한다면 일식요리가 매력이 있다고 생각합니다. 생선 요리도 많고 한식과 접목해서 할 수 있는 요리이기 때문이죠.

한식은 하면 할수록 어렵다는 생각이 듭니다. 물론 양식·일식·중식 등 다른 분야의 요리도 어렵겠지만 한식은 한국 사람이면 한식에 대한 개개인의 입맛을 가지고 있기 때문이라고 생각합니다. 한식은 백인백색 천인천색이 아닐까 싶어요. 우리가 태어나서 첫 밥술을 어머니께 받아먹고 자랐고, 매일 이렇게 한식을 먹고 자랐기 때문에 자기만의 입맛이 있는 것이죠.

호텔에서 근무할 때 있었던 일입니다. 고객 한분이 주방장을 찾는다고 하셔서 나가보니 60세 정도 되시는 분이었습니다. 그 분 말씀은 옛날 어릴 적 먹었던 김치의 향수를 찾고 있다고 하셨습니다. 하지만 모든 사람의 기호에 맞는 갖가지의 김치를 준비할 수 없는 입장으로서 죄송스럽기만 했습니다. 신 김치를 좋아하는 사람, 겉절이 김치를 좋아하는 사람, 묵은 김치를 좋아하는 사람, 적당하게 숙성김치를 좋아하는 사람. 이렇게 김치만 놓고 보더라도 기호가 다 다릅니다. 한 집안 안에서 식구들이 좋아하는 김치가 다 다르듯이 말입니다.

전문식당이야 그렇다 치더라도 대중한식당은 정말 수많은 고객의 입맛을 맞추기가 힘들기 때문에 한식은 기준이 어려울 수밖에 없습니다. 어머니의 음식을 몸으로 기억하며 미묘한 맛의 차이도 잘 짚어낼 수 있듯이 한국인이 한식을 먹게 되었을 때 본인이 기억하고 있는 어머니의 맛과 비교할 수밖에 없는 것입니다.

Question 한식요리사로서 가장 보람을 느끼실 때가 언제인가요?

한식 조리는 인내와 끈기를 요구합니다. 또한 숙련도가 다른 요리에 비해 길고 개인의 역량에 따라 달라질 수 있습니다. 이러한 면들이 처음 한식을 배우는 초보 조리사들이 힘들어하는 이유입니다. 그러나 지금은 세분화 되어있고 대학에서도 현장 경험이 풍부한 교수님들께서 현장지도를 통해 한식을 가르치고 있기 때문에 굳이 어려움을 겪지 않을 것입니다.

이렇게 힘든 과정을 이겨내고 새로운 음식을 만들어서 요리로 고객에게 제대로 평가받았을 때 큰 자부심을 느낍니다. 손님이 주방장을 찾을 때에는 두 가지 이유가 있는데, 크게 불만사항을 이야기 할 때와 감사의 표현을 할 때입니다. 외국 손님을 모시고 온 한국 손님이 외국 분들이 너무나 좋아해서 기분이 좋고 감사하다고 말씀 하실 때, 엄지손가락을 치켜세울 때가 요리사로서의 최고의 보람을 느낄 때입니다.

Question 한식요리사는 진로가 다양한 편인가요?

한식을 배우는 장소를 두고 호텔과 대중한식당을 고민하는 경우가 종종 있습니다. 두 군데에서 근무 해 본 경험으로 보자면, 우선 호텔에서는 체계적으로 요리를 배울 수 있습니다. 여러 부서를 돌며 두루 경험 할 수 있고, 원가 개념 레시피 작성과 가격관리 등을 배울 수 있습니다. 또한 타부서와 업무 협조를 통해 전공 외의 요리를 접할 수 있어 보다 폭넓은 요리세계를 접할 기회들이 많습니다. 하지만 대중 한식당의 경우 각 계층의 고객 분들의 선호도를 파악할 수 있으며 메뉴 이외의 즉흥적인 요리도 가능하답니다. 고객이 원한다면 재료가 있는 한 모든 것을 수용하여 고객차원에서 서비스 되는 것이 장점이라고 생각합니다.

요리를 하는 데 가장 중요한 것은 무엇이라고 생각하시나요?

요리를 할 때 맛은 기본이고 첫째도, 둘째도 정체성입니다. 퓨전한식도 있고 여러 전문집도 있지만 정체성이 없는 요리는 한식이 아닙니다. 그렇다고 먼 조선왕조 궁중요리를 그대로 하는 것은 아닙니다. 시대가 많이 흘렀기 때문에 현대인의 입맛에 맞지 않거든요. 대신 전통조리법을 토대로 하면서 시대에 맞는 감각적인 요리를 하려고 노력하는 편입니다.

요리는 생각보다 긴 노동의 시간이 필요합니다. 그만큼 체력이 따라주어야 좋은 요리를 할 수 있고, 많이 알수록 더 좋은 요리를 할 수 있습니다. 그래서 틈틈이 체육관에서 운동을 하면서 건강관리를 철저히 하였고, 견문을 넓히기 위하여 시간을 내서 전라도·경상도·충청도·경기도 등 전국을 돌아다니면서 향토요리를 벤치마킹을 했습니다. 순천 낙안읍성 축제, 광주 김치축제, 담양 명인이 만드는 집장·된장 등 맛 집을 탐방했었죠.

Question **한식요리사로서 노력하고 계시는 점이 있다면 무엇인가요?**

앞서가는 요리사가 되기 위해서는 여러 가지 방법이 있지만 무엇보다도 스스로 공부하는 것이 가장 중요합니다. 시대가 늘 변하기 때문에 입맛은 점점 더 까다로워지고 있고 세계의 많은 음식을 앉은 자리에서 접할 수도 있는 세상입니다. 때문에 요리는 하면 할수록 더 어려운 분야이고, 끊임없이 학문적·기술적 노력이 필요합니다. 예를 들어 기본적인 조리기술을 모두 익혔다가 할지라도 생선포 하나도 '어떤 방법으로 뜨느냐'에 따라 신선도가 달라지며, 맛 또한 다를 수밖에 없습니다. 전체적인 데코레이션 역시 어떻게 하느냐에 따라서 고객의 기분이 달라질 수 있습니다. 어느 정도 경지에 올라설수록 더 많은 창의력이 필요하고 새로운 아이디어로 새로운 요리를 창출해서 고객을 감동시켜야 합니다.

'학문에는 왕도가 없다'는 말이 있듯이 요리에도 그 끝이 없습니다. 요리는 시대와 역사, 그 나라의 문화를 대변합니다. 그만큼 중요한 부분을 차지하는 분야에서 26년간 일을 하다 보니 이제는 체계적이고 전문적인 학문이 필요했습니다. 학위를 따고 논문을 쓰는 과정이 현장에서도 많은 도움이 된다는 것을 체감했습니다. 식당도 등급이 있습니다. 그 레벨에 따라서 고객들도 달라지는 건 당연한 거겠죠. 그런 고객들에 걸맞게 품질과 서비스도 달라야하고, 그 중에서 요리사의 능력과 전문적인 지식은 가장 중요합니다. 어떤 요리든 깊이가 있는 법이고, 그에 상응하는 학술적 연구가 더욱더 시야를 넓혀주면서 현장에서도 유용하게 적용됩니다.

현재 저는 박사학위를 준비 중에 있습니다. 나이가 들어서 공부한다는 것은 많은 제약을 받습니다. 일단 시간과 경제력, 기억력 등 두 배, 세배로 노력해야하는 상황의 연속입니다. 그렇지 않고서는 젊은 친구들을 따라갈 수 없으니 만학의 길이 힘들다는 것을 새삼 느끼곤 합니다.

Question 한식요리사가 되려면 어떻게 해야 하나요?

일반적으로 요리사사 되기 위해서는 전문학교를 나와야 합니다. 요즘은 조리고등학교, 학원, 요리학교, 전문대학, 대학교 등 다양하게 전문 조리사가 될 수 있는 교육기관이 있고 이를 선택할 수도 있습니다. 이후에 조리사 자격증을 취득 하고 원하는 요리를 하면 됩니다. '요리'라는 것이 단순하게 음식을 만드는 행위가 아닙니다. 의사는 병든 이를 고쳐주고 치료하지만 요리사 건강한 사람을 지속적으로 건강하도록 해주고, 병든 사람도 음식으로써 치유할 수 있다는 자부심으로 음식을 만들 수 있습니다. 또한 요리사 예술가이기도 합니다. 무(無)에서 유(有)를 창조하니까요.

특히 중요한 것은 꼼꼼하고 차분해야한다는 것입니다. 섬세할수록 요리사로서의 장점을 갖추었다고 볼 수 있죠. 요리는 타인의 건강을 지킬 수도 있고 해칠 수도 있기 때문에 내 가족이 먹는다는 생각으로 정성을 다해서 요리해야합니다. 그러기 위해서는 자신의 건강관리 역시 철저히 해야 하고 체계적인 공부와 관심·열정·호기심·재미를 동반해야만 합니다.

앞으로는 요리사가 선호직업이 될 것입니다. 제가 일을 배울 때만 해도 요리사는 사람들이 선호하는 직업이 아니었습니다. 그러다가 88년 서울올림픽 이후 호텔과 외식산업이 활성화되면서 요리사들도 관심의 대상이 되었고, 인력이 모자라기까지 해서 학교 및 교육기관에서 조리학과를 많이 편성하기도 했습니다. 호텔 조리사가 등장하고, 양식의 문화가 보편화되면서 사람들의 인식이 크게 달라진 것이죠. 이제는 많은 사람들이 요리사를 직업으로 높게 평가하기 시작했습니다. 앞으로 경제가 좋아지고 국민 소득이 늘어날수록 외식산업이 발달할 것입니다. 그럴수록 조리사의 역할과 그 중요성 또한 높아질 것입니다.

Question 앞으로 어떤 요리사로 자리매김 하고 싶으세요?

저는 25년간 요리를 해오면서 어떤 요리사가 되어야겠다고 단정을 지어본 적이 없어요. 지금은 약선요리에 관심을 두고, 세종문화회관, 강동경희대병원과 공동으로 하는 한방치유음악회 '동행'을 통해 약선요리를 일반에게 선보이고 있습니다. 약선요리는 일반요리와 차원을 달리합니다. 일반요리는 요리사가 식자재를 구입해서 요리를 만드는데 반해 약선요리는  약초 뿌리를 가지고 우리 몸에 어떻게 매치시킬 것인가를 학술적으로 접근하여 전문적인 지식과 레시피를 가지고 만드는 것입니다. 분명히 음식이 보약이기도 하지만 모든 음식이 과하거나 도가 지나치면 독이되기 마련입니다. 한식이 약이 되고 보약이 되려면 적절한 레

시피와 몸과 맞는 식단이 나올 때 가능하죠. 약선요리는 6년 전부터 관심을 가지고 있다가요 근래에 집중적으로 선보이고 있습니다.

그런데 약선요리는 잘 쓰면 병을 낫게 하지만, 잘못 쓰면 독이 됩니다. 약차도 한약 냄새가 나면 안되듯이 한식 식사를 마칠 때 끝에 향긋한 맛을 느끼게 해야합니다. 밥이나 음식에서 한약냄새가 나면 일반인이 와서 접하지 않기 때문이죠. 보약으로 먹는다면 한두 첩 먹을 수 있겠지만, 체험을 하기 위해 왔다가 먹게 된 경우, 궁중요리는 싱거워 맛이 없다고 평하게 되죠. 따라서 약선음식은 몸을 건강하게 하는 음식이자 맛있는 음식이 되어야 합니다.

Question **현재 일하시는 곳은 어떤 곳인가요?**

지금 제가 근무하고 있는 곳은 '삼청각'이라는 한정식당입니다. 세종문화회관에서 운영하는 전통 예술 복합공관으로써 전통문화 예술을 배우고 즐기고 체험할 수 있는 시민 공간 및 대중 전통한정식을 접할 수 있는 곳이기도 합니다. 특히 국제회의·기업세미나·웨딩·전통혼례·가족모임 등 다양한 행사를 위한 공간 및 서울 시민의 휴식공간으로 널리 알려져 있습니다.

한식하면 한상차림을 보통 떠올리실 텐데 요즘은 한식을 코스 요리로 준비하고 있습니다. 옛날에는 말 그대로 한상차림으로 손님상에 서비스 되었다고 선배님들께 배웠습니다. 지금도 전라도 순창에 가면 한상차림으로 나오는데 반 이상은 손도 못 댑니다. 배가 불러서 먹지도 못하는 것이지요. 한 번도 손을 대지 않은 반찬은 다시 사용될 가능성이 높습니다. 반찬을 버린다고 할지라도 음식낭비는 마찬가지입니다. 한식도 시대의 흐름에 맞추어 변화하고 있습니다. 지금은 맛집을 찾아다니는 시대죠. 고객 분들이 눈과 입이 모두 즐기는 요리를 선호한다는 흐름에 따르는 추세인 것입니다. 또한 상견례와 같이 어렵게 마주한 두 집안이 식사를 할 때도 한상차림 모둠보다는 각각 코스로 서비스하는 것이 서로 눈치 보지 않고 편하게 먹을 수 있는 장점이 있습니다. 또, 코스로 제공이 되면 각각의 음식을 하나씩 제대로 음미할 수 있기도 합니다. 이렇게 전통을 살리면서도, 보다 맛있는 음식을 제공하기 위해 지속적으로 개선하고 발전시킵니다.

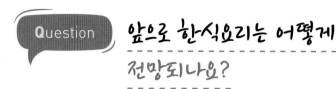

Question 앞으로 한식요리는 어떻게
전망되나요?

한식은 건강식입니다. 영양학적으로 훌륭하다는 것은 누구나 알고 있기 때문에 전통적 조리법을 계승 발전시키고 시대에 맞게 현대적인 감각으로 재탄생시켜야합니다. 예를 들어 궁중음식을 옛날 조리법 그대로 요리한다면 현대인들의 입맛과 맞지 않는 부분은 새롭게 재해석 해야 할 것입니다.

이런 한식의 가치를 알리기 위하여 한식협회에서는 많은 노력을 하고 있습니다. 외식관련 전문 인프라 및 기술력을 토대로 한식 발전을 위한 다양한 연구 개발을 하고 있죠. 또한 지역에 맞는 교육행사·정책·홍보·유통 등을 통해 웰빙화, 다양화, 세분화, 기능화를 실현합니다. 뿐만 아니라 한식의 고부가가치 창출을 위한 종합적 한식 글로벌 사업수립으로 요약할 수 있고 한식의 가치와 세계화를 위한 국민적 홍보 전개 사업을 합니다. 국내 식품 및 농수산·축산물 생산자 단체와 MOU를 통한 소비유통 활성화와 한식의 조리과학적 컨텐츠 연구개발 명인 및 지식재산권 발굴 인증제도를 등록, 개설하고 지역향토 전통음식 활성화 및 브랜드 가치화를 위한 요리대회도 개최합니다. 최근에는 한식 문화거리 테마 특구조성사업으로 한식문화 홍보 체험관 건립을 통한 음식관광 프로그램 추진사업으로 한식조리인 재능기부 등 다양한 행사를 진행하고 있습니다.

진행했던 협회의 행사 중 가장 기억에 남는 것은 한식의 날을 기념해서 2013년 10월 23일에 광화문 광장에서 200여 한식단체가 참여했던 행사입니다. 세계 한식의 날 선포와 세계 한상해외동포 총 연합과의 연계를 통해 한식의 소중함과 가치를 대·내외적으로 확산하고 계승발전 시켰습니다. 사상 초유의 기록을 세운 12,013명 분의 비빔밥 퍼포먼스는 한식 종사자들의 소통과 단합의 계기가 되었습니다.

한식은 우리나라의 문화를 대변하고 5000년 긴 역사와 함께 해왔습니다. 이제 세계인이 한식을 선호할 날도 머지않았죠. 그러기 위해서는 우리 한식을 더욱 아끼고 많은 관심과 애정으로 더욱 더 계승·발전시켜 나가야 할 것입니다. 우리 모두의 먹거리이니까요.

Question

Q. 한식의 세계화를 위해 무엇이 선결되어야 할까요?

K-pop이 열풍을 일으키면서 한식에 대한 관심이 고조되고 있지만 한식의 세계화는 과도기에 처해있습니다. 정부와 관리자들 그리고 국민들이 혼연일체가 되어야 한식의 세계화가 걸림돌 없이 이어질 수 있을 텐데 그렇지 않아서 아쉽기만 합니다. 하루 빨리 혼연일체를 이루어서 이해타산을 접고 순수하게 우리 전통의 음식인 한식을 널리 알려야 하겠다는 기본자세가 필요합니다.

Question

Q. 앞으로의 비전이 있다면 무엇인가요?

제게는 전문 한식점을 내는 꿈이 있습니다. 많은 돈을 벌어 편안하게 사는 꿈이 아니라 제 손으로 최고의 한식을 만들어 고객에게 접대하는 꿈입니다. 요리사로서 제 손으로 직접 요리를 해 접대할 수 있는 양은 20명 내외이기에, 큰 식당 보다는 20석 규모의 아담한 가게를 내어 최고의 한식 요리를 선보이고 싶습니다. 옛날에 미슐랭 스타가 붙은 테이블

3개만 놓인 일본의 한 식당을 보면서 너무나 부러웠어요. '바로 저거다!'는 생각이 번개치 듯 뇌리를 스쳤지요. 그 일식당은 3개월 전부터 예약을 하고 기다려야 음식을 맛 볼수 있 다고 해요. 테이블 하나 더 놓으면 돈을 더 벌 수 있겠지만, 최상의 음식을 내 놓기 위해 가 게를 키우지 않는 그 장인정신을 꼭 배우고 싶었습니다. 저도 한식으로 잔뼈가 굵어왔으 니 한식만의 독특한 식단을 차려 크지는 않지만 정 말 맛있는 꿈의 한식당을 만들 생각입니다.

먹는 것은 건강에 직결된 것이기 때문에 성적에 영향이 있을 수밖에 없습니다. 식습관이 중요하다는 것을 누구나 알고 있지만 쉽사리 지키기가 어렵기 때문에 지킬 수 있는 환경을 만들어주는 것이 가장 중요하죠.

선수들의 심리적인 부분이 사기를 증진 시키는 데 영향을 크게 줍니다. 음식 한 끼 잘 먹었다고 해서 우승을 하는 것이 아니라 좋아하는 음식을 건강한 방식으로 맛있게 먹는다면 기분이 좋아져서 사기가 올라갈테고 경기에 좋은 영향을 미치는 것이라고 생각합니다.

조성숙

- 연세대 식품영양학과 졸업
- 연세대 스포츠영양학박사
- 동양오리온스 영양사
- 포항축구단 영양사
- 태릉선수촌, 진천선수촌, 태백 선수촌 영양사 외 다수
- <86' 아시안게임>, <88' 서울올림픽>,
  <92' 바르셀로나올림픽>,
  <2004' 아테네올림픽>영양사 외 다수

요리사의 스케줄

조성숙 영양사의 **하루**

20:00
▶ 최근연구동향 파악 및 원고작성
21:00 ▶ 가족과의 시간, 휴식

07:00
▶ 결재확인 및 메일확인
07:30 ▶ 조식 배식 및 검식

17:00 ▶ 석식배식 및 검식
19:00 ▶ 급식소 시설점검
및 운영일지 법적서류 정리
19:30 ▶ 영양교육 피드백

09:00
▶ 식재료 검수 및 식자재
유통기한 확인
10:00
▶ 조리원 위생교육 및 조회
10:30
▶ 식단작성 및 영양분석

15:00
▶ 급식영양평가회의
15:30 ▶ 신메뉴 및 레시피 개발
16:30 ▶ 영양교육자료 개발 및
작성, 대한급식신문 및
대한영양 소식지 구독

11:00 ▶ 중식배식 및 검식
13:00 ▶ 식재료 발주 및
조리지시서 작성
14:00 ▶ 선수 영양교육 및
상담연석회의

학창시절에 어떤 학생이셨나요?

저는 충청도 시골소녀였습니다. 초등학교 시절부터 선생님들이 운동을 하라고 권유하시곤 했어요. 육상·핸드볼 등 운동을 잘해서 선생님들마다 해당 종목을 시키고 싶어 하실 정도였습니다. 중학교 때는 교내 펜싱부에 들어가서 활동했는데, 운동선수에 대해 어머니께서 많이 반대하셔서 결국 그만두고 어머니 뜻대로 공부를 했습니다. 체육 성적은 단연 좋은 편이었죠. 고등학교에 진학해서도 반대항전이 있으면 피구·농구 등 종목을 가리지 않고 모두 출전했었습니다.

특별히 장래희망이 있었던 것은 아니었지만 막연하게 공부를 많이 하고 싶은 욕심은 있었습니다. 가장 좋아했던 과목은 과학이었고, 그 중에서도 물리와 화학을 좋아했어요. 일반적으로 여고생들은 과학 분야에 관심이 없기 때문에 저는 대학에 진학할 때 나름의 경쟁력이 있었죠. 아버지께서는 제게 교육자의 길을 권유하셨습니다. 대학을 고민할 당시에 저에게 교대진학을 수차례 말씀하셨는데 고민을 많이 하다가 연세대학교로 진학했습니다. 제가 연세대학교에 진학한 후에도 아버지께서는 끝까지 제가 교육자가 되길 바라셨습니다. 사립학교 가정교사도 될 수 있을 것이라고 계속 말씀하셨을 정도였으니까요.

대학생활은 어떠셨나요?

막상 대학교에 입학했는데 제가 살던 곳과는 다른 낯선 환경에, 어떤 식으로 공부를 해야 할지 감이 잡히지 않아서 공부에 흥미를 점점 잃었습니다. 아예 공부를 하지 않았다는 표현이 정확할 것 같네요. 대학교 3학년까지도 그렇게 대충 대학생활을 보내다가 3학년 2학기에 '특수영양학(현 생활주기영양학)'이라는 과목을 듣게 되었습니다. 특수영양학 가운데 하나의 챕터로 '운동선수 영양학'이라는 챕터를 배우는데, '이걸 해야겠다!'는 마음이 강하게 들었습니다. 무료했던 제 대학생활에 터닝포인트가 된 셈이죠. 그 때부터 안하던 공부를 열심히 하기 시작했습니다. 대학원을 가야겠다는 생각이 들었는데, 그 동안의 성적으로는 대학원을 갈 수가 없었거든요.

죽기 살기로 영어와 전공을 공부해서 대학원에 진학할 수 있었습니다. 본격적으로 '스포츠영양학'에 대해 공부하려는데, 당시만 해도 스포츠영양학이라는 개념 자체가 보편화되어 있지 않고 초창기였기 때문에, 거의 혼자 책과 저널을 찾아가며 공부했었습니다. 세미나에서도 대부분 당시에 큰 이슈가 되었던 '암'에 대해 발표하는 반면, 저만 '스포츠영양학'이라는 생소한 개념으로 늘 발표하다보니 저를 좀 신기하게 보는 정도였습니다. 그래서 교수님들께 주목이나 칭찬을 받지는 못했었어요. 단지 저는 스포츠영양학이 좋아서 시작했던 길이었으니 그런 것은 전혀 개의치 않았습니다.

Question '영양학'과 '스포츠영양학'은 어떻게 다른가요?

일반적으로 우리가 알고 있는 '영양학'과 '스포츠영양학'은 상관관계에 놓여있다고 생각하면 됩니다. 물론 스포츠영양학은 일반 영양학을 기초로 해서 운동선수들에게 어떻게 적용해야하는지 좀 더 공부하는 것입니다. 영양학을 이해하는 것이 90%인 셈이죠. 앞으로 이 분야가 더 발전한다면 이것이 남녀 선수에 따라, 구기 종목에 따라 등등 점점 세분화 된다는 것입니다. 제가 공부를 시작할 당시에는 '스포츠영양사'라는 직업이 있지 않았어요. 그만큼 이 분야가 세분화되지 않았었습니다. 영양사라면 급식은 누구나 다 할 수 있었습니다. 하지만 저는 조금 더 실질적인 방법으로 선수들에게 적용시키고 교육 · 컨설팅 하는 일들을 조금 더 할 수 있는 것이죠.

Question 선수촌에서 스포츠영양사로 근무하시게 된 이유가 있으신가요?

'영양사가 이런 곳에서도 근무 할 수도 있구나!'

대학원 시절 논문을 준비하면서 태릉선수촌에 있는 선수들과 인터뷰를 해야 할 일이

많았습니다. 단순히 병원과 학교에서 일 하고 있는 영양사만
을 생각해오다가 저에게 새로운 근무지를 발견해 낸 셈이었
죠. 이 후에 대학원에서 연구조교로 일하면서 강의를 하고 있
을 때였습니다. 인터뷰하러 갔을 때 알게 되었던 분에게서 연
락이 왔습니다.

"선생님, 선수촌에 영양사 자리가 났는데 이쪽으로 오셔서
근무해 보실 생각은 없으신가요?"

갑작스럽게 제안을 받아서 쉽사리 판단을 내리기가 어려웠습니다. 지도교수님께 찾아
가서 상의를 드리자, 우선 그곳에서 경험을 쌓는 것도 좋겠다는 말씀을 해 주셔서 선수촌
으로 향하게 되었습니다.

Question 선수촌에서의 첫 근무는 어떠셨나요?

처음 태릉선수촌에 들어와서는 일이 재미있다거나 내가 하고 싶던 일이라는 생각이 바
로 들지 않았습니다. 영양사라는 직업에 대한 관념이 없는 상태로 공부만 했었던 것이죠.
제가 생각했던 것들과 현실적인 문제는 너무도 달랐습니다. 정말 녹록치 않았습니다. 가장
크게 직면했던 것은 상대적으로 저의 현장경험이 짧다보니 주방 사람들을 관리하는 것이
뜻대로 되지 않았죠. 특히 나이도 많고 경력도 많은 주방장과 함께 일하려면 '관리자 트레
이닝'이 꼭 필요하겠다는 생각이 들었습니다. 주방장은 자신의 주방에 대한 자부심이 있
어서 누군가 자신의 주방에 다른 사람이 관여하기 시작하면 서로가 예민해질 수밖에 없
기 때문입니다.

한 가지 팁을 말하자면, 영양사는 '조리'와 '영양' 두 가지를 다 알아야 하는 사람입니다.
일반적으로 식품영양학과에서 조리 실습이 있지만, 대게 학생들은 조리가 요리사의 몫이
라고 여기고 중요하게 생각하지 않습니다. 하지만 조리를 잘 모르는 상태에서 사회에 나가
면 사회에서 살아남기가 어렵습니다. 저 역시 처음에 조리를 가르치라고 해서 황당했습니
다. '나는 영양사인데, 왜?' 라는 생각뿐이었습니다. 그렇지만 어쩔 수 없이 책을 찾고 연습

했습니다. 조리사들은 직접 요리를 하지 않는 영양사가 아무 것도 모른다고 생각해서 무시할 수도 있는데, 영양사가 조리에 대해 잘 알고 있다면 무시하지 못하니까요.

반면에 새롭고 재미있는 경험들도 있었습니다. 당시 86년 멕시코월드컵을 앞두고 축구선수들이랑 농구선수들이 선수촌에 와있었습니다. 제가 학창시절에 좋아하던 선수들이 눈앞에서 왔다 갔다 하는 것만으로도 마냥 신기하고 재미있었습니다. 티를 낼 수는 없었지만 선수들을 구경하는 재미로 낙을 찾았던 것이죠.

그러던 중 저를 시험대 위로 올려놓는 일이 생겼습니다. 선수촌장님이 새로 오셨는데, 저를 태백 선수촌으로 발령을 내신 거죠. 오지대에 있는 곳이라서 태백선수촌으로 발령을 받으면 보통 그만 두는 경우가 대다수였는데, 저 또한 그런 고민에 빠졌습니다.

"여보, 나 아무래도 그만둬야 하려나봐."

"5년 뒤에 지금 그만 두는 것을 후회하지 않을 자신이 있어? 일단 태백에 가보는 건 어때? 그만 두는 건 언제든지 그만둘 수 있잖아."

며칠을 끙끙 앓으며 고민하다보니 그 모습을 보다 못한 남편이 옆에서 한마디 거들었습니다. 남편의 말대로 앞으로의 5년 그 후를 상상해보니 왠지 후회할 것 같았습니다. 힘들게 공부해온 순간들도 주마등처럼 스쳐지나가고, 여태 선수촌생활에 익숙해지기 위해 노력했던 저의 모습들도 떠올랐습니다. 결국 용기를 내어 태백으로 가게 되었습니다. 그곳에서 좋은 분들을 많이 만나게 되어서 적응도 잘하고 업무에 진척도 낼 수 있었습니다.

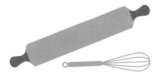

Question 선수촌 이외에 다른 곳에서의 영양사 업무는 없으셨나요?

태백선수촌의 생활이 익숙해 질 즈음에 동양 오리온스 농구팀에서 연락이 왔습니다. 당시 동양 오리온스 농구팀의 연패로 선수들의 건강·심리·영양상태 등 팀 내 모든 시스템을 점검중이니 영양부분에서 체크를 부탁한다는 내용이었습니다. 태릉에 있을 때에는 팀을 한 번도 맡아보지 않았는데, 마침 태백에서 근무를 하고 있었기 때문에 개인적인 시간 사용이 가능해졌던 찰나였습니다. 직접 가서 보았을 때 몇 가지의 문제점이 있었습니다. 선수들의 식습관을 변화시키기 위해 컨설팅을 했습니다.

'어떻게 먹어야 하는가?' 일반적으로 선수들은 잘 먹어야 된다고만 생각하고 어떻게 먹는 것이 잘 먹는 것인지 잘 모릅니다. 예를 들어 밤에 간식을 많이 먹고 자는 것이 아침을 먹지 않는 습관으로 이어지게 합니다. 또, 시합 때는 평소와 달리 더 신경 써서 먹어야 하는 부분이 있는데, 이런 것들을 잘 모르니 지켜지지 않고 있던 것이었습니다. 이런 부분들을 이야기 했더니 구단에서도 좋아하고, 저의 솔루션대로 잘 따라와 줬습니다.

Question 선생님만의 노하우가 있었나요?

선수들과 친해지면서 더욱 더 일에 재미를 붙일 수 있는 계기가 되었습니다. 물론 전반적인 요소들의 합이었겠지만, 저의 솔루션을 통해 팀의 성적이 향상 되는 모습을 보면서 덩달아 기분이 좋았습니다. 선수촌은 전체를 대상으로 급식을 하지만 구단은 개인별로 컨설팅을 해주는 방식이었는데, 저 스스로도 성장할 수 있는 기회였습니다. 선수촌에서 일을 하는 자세 또한 달라졌죠. 선수들은 즐겁게 지낼 수 있는 곳이 별로 없어 보였습니다. 365일을 쉴 틈 없이 운동으로 매진하기 때문에 안타까웠습니다. 그래서 적어도 밥 먹을 때만은 즐거웠으면 좋겠다고 생각했습니다. 단순히 이론에 의존하기보다는 신선하고 영양 많고 맛있는 음식을 먹으면 선수가 기분도 좋아지고 건강해질 테니까요.

선수촌은 종목도 다양하고 선수들의 연령대도 다양합니다. 하지만 오래 일을 하다 보니 메뉴를 짜면서 절로 상상하게 됩니다. 종목에 따라, 연령대에 따라 식사를 하러 누군가 식당을 찾았을 때 어떤 메뉴가 어울릴지, 어떤 메뉴를 찾을 것인지요. 어떤 선수들이 와도 "먹을 게 없다."라고 말하지 않도록 메뉴를 짜는 것이 잘 짜는 것이라는 것을 저도 영양사 생활을 하고 한참 뒤에야 깨달았습니다.

처음에는 그저 저의 기준에서 열심히 짜기만 했거든요. 그런데 그건 철저하게 저만의 기준이었던 겁니다. 찬찬히 살펴보니 연령대가 있으신 분들은 아무리 크림스프·야채스프·스테이크 등 메뉴를 바꿔도 양식의 종류가 많으면 늘 같은 메뉴라고 느끼십니다. 그렇게 되면 얼큰한 메뉴도 적절하게 구성을 해야만 하죠. 이러한 경험들이 쌓이다보니 고객들에게 끌려가는 것이 아니라, 내가 고객들을 이끌어야하는 것을 깨달았습니다.

외국의 경우에는 스포츠 팀마다 담당 영양사가 있어서 컨설팅을 수시로 해줍니다. 훈련과정에서 영양에 대한 관리교육을 하죠. 급식영양사는 따로 있기도 하고요. 해외 스포츠영양사 워크숍에 가면 미식축구팀 담당 영양사, 농구팀 담당영양사, 아이스 하키팀 담당영양사 등으로 본인을 소개합니다. 저에게도 어떤 팀을 담당하고 있는지 물어보더라고요. 쉽사리 모든 스포츠를 담당하고 있다는 말을 할 수가 없었습니다. 앞으로 우리나라도 세분화되어 담당하는 방향으로 변화할 것입니다. 실제로 예전에 비해 요구가 많이 늘어난 것이 보입니다. 제가 선수촌에 처음 왔을 때만 해도 선수촌장님께서 영양학을 생소하게 느끼셔서 고기 많이 먹고 탈 없이 먹으면 된다고 하셨거든요. 제가 배운 것은 그게 아니지만 영양사의 뜻대로만 할 수 있는 상황은 아니었습니다. 하지만 점차 저도 영양사로서 전문성을 쌓고 스포츠에도 과학적인 시스템이 들여오다 보니 코치나 감독님들도 앞 다투어 영양사를 찾으시고 선수들 또한 개인적으로 찾아오기도 합니다.

Question 운동선수들이 음식을 섭취하는 것이 그렇게 중요한 일인가요?

선수들은 운동을 할 때 최상의 컨디션을 유지해야하기 때문에 음식이 중요한 편이죠. 실제로 어떤 음식을 먹는가에 따라서 운동효과도 다르게 나타난다는 연구결과가 있답니다. 물론 운동을 시작하기 1~2시간 전부터는 공복감을 느끼지 않을 정도의 소량만 먹는 것이 좋습니다. 지방, 단백질, 당도가 높은 탄수화물의 경우 소화가 늦어서 운동하는데 불편함을 주기 때문입니다. 반대로 운동이 끝난 이후에는 적정량의 당분과 단백질을 섭취하는 것이 좋습니다. 운동을 하다보면 근육에서 운동 전 섭취했던 당분으로 에너지를 만드는데, 근육에 저장형 당분인 글리코겐의 축적속도가 빨라지므로 적당한 당분을 섭취해 주면 좋답니다.

Question 운동 전에 먹으면 좋은 음식이 있나요?

그럼요. 빈속에 운동을 하는 사람들이 있는데 위를 비운 채 운동을 하면 근육조직을 분해시킬 수가 있습니다. 운동 시 에너지를 공급할 음식이 없으면 몸의 근육조직이 필요한 에너지를 공급하기 위해 포도당으로 전환되기 때문이죠.

대표적으로 바나나, 아몬드 그리고 꿀이 운동에 도움을 주는 음식이라고 할 수 있습니다. 바나나는 운동선수들이 애용하는 '검증된 간식'입니다. 먹기에 부담이 없고 몸 안에서 에너지로 전환되기가 쉽기 때문입니다. 특히 바나나에는 칼륨이 풍부해 운동을 하는 동안 다리나 팔 등의 경련을 방지하는데 도움이 될 수 있고, 피로회복 효과가 높아 운동 후 피곤한 몸을 회복하는 데 효과적이죠. 아몬드의 경우 단일 불포화 지방의 형태로 운동에 필요한 에너지를 공급하기 때문에 오래달리기 같은 지구력운동을 하기 전에 섭취하면 큰 도움이 됩니다. 아몬드에는 칼로리가 적으면서 필수영양소가 밀도 있게 함유되어 있기 때문에 건강을 챙겨가며 다이어트도 할 수 있는 식품이기도 합니다. 마지막으로 꿀은 대부분이 쉽게 몸에 흡수되어 에너지로 저장됩니다. 힘을 쓰는 운동 전에 꿀을 먹으면 신진대사를 원활하게 해주고 피로회복에도 좋죠. 그렇지만 꿀은 칼로리가 높고 당분이 많기 때문에 많이 먹는 건 삼가는 것이 좋겠지요?

Question 영양사를 하시면서 가장 기억에 남는 일은 무엇이었나요?

1986년 아시안게임, 1988년 서울올림픽, 1992년 바르셀로나 올림픽, 2004년 아테네 올림등 참 많은 경기들이 제 기억에 남습니다. 이전에는 서울에서만 지내다가 92년 바르셀로나 올림픽 때 처음으로 선수들과 함께 출국을 했습니다. 현지에서 올림픽을 직접 보고 여행을 할 수 있을 거라는 생각에 마냥 신이 났었죠. 저와 주방장, 조리원 두 분과 함께 젓갈·고추장 등을 가져갔습니다. 그런데 막상 도착해보니 선수촌은 바르셀로나의 미개발 지역에 위치해 있더라고요. 그 옆의 작은 식당을 임대해서 선수들의 식당으로 사용했는데, 부랴부랴 식당을 정리하고 시장을 돌아다니며 식자재를 파악했습니다. 그리고는 곧장 선수들의 식사시간에 맞추어 밥을 짓기 시작했습니다. 일주일 내내 같은 생활을 반복하다보니 제가 아프기 시작했습니다. 코피도 나고, 쓰러지고… 울면서 제발 빨리 서울로 보내달라고 말하기도 했을 정도였으니까요. 하지만 그다음 올림픽부터는 스스로 마음을 바꿨습니다.

'내가 아무리 힘들어도 선수들보다 더 힘이 들까?'
'올림픽은 국가의 일이고, 내가 여행 온 것도 아닌데 힘든 것이 당연해.'
'힘들더라도 내 인생에 한번뿐인 순간인데, 즐겨보자.'

Question 올림픽이 끝나고 나면 선생님께도 휴가가 주어지나요?

올림픽이 끝나고 한국으로 돌아오면 선수들이 각자의 소속팀으로 흩어져서 한동안 선수촌은 한가합니다. 그래서 그 기간은 저도 휴식을 즐기기도 합니다. 이 기간에 포항축구단에서 찾아온 적이 있었습니다. 전반기에는 1등을 했는데, 후반기에 계속 패해서 식습관을 점검해 보고 싶다는 것이었습니다. 직접 구단 선수들을 찾아 갔습니다. 첫째 날에는 지켜보기만 했습니다. 그래야 잘 파악할 수 있으니까요. 주방은 선수들이 많이 찾는 음식위주로 식단  을 구성하고 있었고 선수들은 저마다 고쳐야할 식습관을 지니고 있었습니다. 둘째날부터는 주방의 터줏대감인 주방장의 의견을 최대한 많이 수렴하고 설득하면서 식단을 조절하기 시작했습니다. 선수들 또한 잘 먹지 않는다던 음식도 잘 먹을 수 있게끔 했고요. 여기서 중요한 것은 모르는 채로 지시만 한다면 주방 전체를 관리할 수가 없습니다. 저 같은 경우에는 주방일이 시작되는 새벽부터 마무리되는 밤까지 직접 다 보며 일을 하는 편입니다. 그 때문에 육체적으로는 힘들었지만 꼼꼼하게 잘 체크해서 심적으로는 편안했습니다. 감사하게도 그 뒤에 포항축구단이 승리를 해서 오셨습니다. 그래서 그 다음 경기 일정 때에도 몇 차례 방문해달라고 말씀해주셔서 다녀오기도 했습니다. 감독님께서는 감사하다는 말씀을 아껴주시지 않으셔서 저 역시 너무 감사했죠.

또 한 번은 서울에서 어떤 감독님 한분이 제게 컨설팅을 요청하셨습니다. 선수들에게 자율적으로 스스로를 관리할 수 있도록 하니 아침·저녁 식사가 잘 관리되지 않는 다는 것이었습니다. 이야기를 들어보니 보통 선수들이 저녁 9시 반쯤 경기가 끝나면, 몸을 회복하지도 않은 채로 흩어지더라고요. 그 이야기를 듣자마자, 한 시간 내로 식사해서 몸을 회복시켜야 한다고 말씀드렸더니 훈련이 끝난 뒤, 선수들을 바로 귀가시키지 않고 제가 말씀드린 대로 하셨습니다. 그 때문인지 성적이 잘 나왔다는 피드백을 받았습니다. 역시 먹는 것이 건강에 직결된 것이기 때문에 영향이 있을 수밖에 없습니다. 식습관이 중요하다는 것을 누구나 알고 있지만 쉽사리 지키기가 어렵기 때문에 지킬 수 있는 환경을 만들어 주는 것이 가장 중요하죠.

선수들은 심리적인 부분이 사기에 미치는 영향이 큽니다. 음식 한 끼 잘 먹었다고 해서 우승을 하는 것이 아니라 좋아하는 음식을 건강한 방식으로 맛있게 먹는다면 기분이 좋아져서 사기가 올라갈 테고, 경기에 좋은 영향을 미치는 것이라고 생각합니다.

스포츠영양사를 많이 채용하는 편인가요?

예전에는 법적으로 50인 이상(현재는 100인 이상)이 있는 급식소에는 영양사가 있어야했습니다. 태릉선수촌의 경우 법적으로 충분하기 때문에 영양사가 상주한지는 오래 되었고, 프로구단들의 경우에는 90년대 후반부터 생겨났습니다. 구단에서 직접 급식이 어려워지면서 위탁업체에 맡겨지기 시작하면서 구단에 영양사가 많이 생겼죠. 지금 축구단 쪽은 거의 영양사가 있습니다.

96년도에 차범근 감독님이 울산 경기에 오셔서는 "먹는 게 이게 아닌데…" 라는 말씀을 하셨습니다. 그 때만해도 제가 영양사로서 준비가 미비했을 때라 당연히 감독님을 만족시키지 못했을 거라는 생각이 듭니다. 당시에는 몰랐지만 지금 생각하면 차범근 감독님께서는 독일에서 선진 스포츠문화를 경험하고 오신 터라 선수들을 영양학적 차원에서 관리해야 한다는 것을 잘 알고 그렇게 요구하셨던 것 같습니다.

Question **스포츠영양사가 되려면 어떻게 해야 할까요?**

"스포츠를 진짜 좋아하시나요?"

스포츠영양사라는 직업에 대해 고민하는 친구들이 있다면, 제가 가장 먼저 물어보고 싶은 말은 바로 이것입니다. 여기에 끈기와 열정이 있다면 잘 할 수 있습니다. 영양사 자격증이 특별히 다르진 않습니다. 취업한 곳이 다르고, 대상자가 다른 것 뿐 입니다. 스포츠 영양사는 운동선수를 대상으로 하는 것뿐이죠. 저는 어차피 영양사를 할 거라면 각각 좋아하는 대상자를 찾는 것이 가장 중요하다는 생각이 듭니다. 저는 운동을 좋아했기 때문에 이 직업을 오래할 수 있었던 것 같습니다. 최근에는 체육학과에서 복수전공으로 영양학을 하고 시험을 보는 학생들도 있었습니다. 미국에서는 스포츠 선수를 하다가 영양학을 공부해서 영양사가 된 경우도 있었고요.

물론 영양사가 되기 위해서는 기본적으로 학사과정은 필요합니다. 식품영양학과 또는 관련학과를 졸업해야 국가고시를 볼 수 있는 자격이 주어집니다. 보건복지부에서 영양사 면허를 받고 그 이후에 어떤 직종에 들어가느냐는 회사나 기관마다의 채용이기 때문에 본인의 선택으로 지원하는 것입니다. 최근 들어 스포츠분야에서 일하고 싶어 하는 후배들이 꽤 늘어나서 영양사협회에서 전문가 과정을 만들어 교육시키기도 합니다. 선수들이나 감독이 누구나 한마디씩 하는 것을 이성적으로 받아들일 정도가 되려면 전문성을 쌓아야한다고 생각해서 전문가과정을 만든 것이지요. 스포츠영양에 대한 지식도 선수들보다 낮으면 안 되기 때문에 관련 지식을 쌓고, 제 경험을 토대로 알게 된 것들도 알려주고 있습니다.

아무래도 제가 스포츠영양학을 거의 처음 시작했고, 우리나라에서는 남들이 해보지 않은 많은 경험을 갖고 있습니다. 선수촌에서 가장 값진 것은 아무도 해보지 못한 많은 선수들과의 만남과 올림픽들에 대한 경험 등 해보지 않은 사람들이 상상할 수 없는 것들이 있습니다. 스포츠생리를 공부하시는 분들이 스포츠영양에 대해서도 많이들 강의를 하시는데, 그 분들과의 차별점이 분명히 있다고 자부합니다. 영양학을 스포츠 선수들에게 단체급식과 개인 컨설팅을 통해 실질적으로 적용시켰던 경험이었습니다. 그렇기 때문에 영양사는 조리사와 스포츠생리학자가 모르는 또 다른 독특한 분야에 특화될 수 있습니다. 각자 개개인의 영양사는 누구나 할 수 있는 영양사가 아닌, 강점을 찾기를 바랍니다. 강점을 찾는다면 전문성을 인정받고 발전가능성이 있다고 생각합니다.

일반적으로 많은 사람들이 조리사와 영양사를 구분해서 생각하지 않으십니다. 그렇다보니 전문적인 직업이라고 인식하지도 않으시는 분들도 계시고요. 그저 식당에서 음식하는 사람이라고 생각하시는 거죠. 영양사들은 나름대로 대학에서 전문적 지식도 갖추고 국가면허도 딴 사람입니다. 심지어 다른 일을 하는 동료들보다 학력이 높을 수도 있죠.

Question 영양사로서 사회에 나오는 시기는 언제가 좋을까요?

제 경험상 학부(대학교) 졸업 후 바로 현장으로 가는 것보다는 석사학위(대학원)는 해보고 취업 하는 것을 권하고 싶습니다. 학부에서는 자신이 필요한 지식을 논문을 통해 찾는 방법에 대해 잘 배우지 못합니다. 주어진 교과서 내에서 정해진 커리큘럼으로 배우고 끝나는 경우가 대다수입니다. 그러면 사회에 나와 실무를 하며 무엇이 궁금해도 그걸 찾고 개발하는 능력이 부족합니다. 적어도 석사 학위를 마치면 석사 학위에서는 논문을 찾고 써야하기 때문에 필요한 정보를 찾아볼 수 있는 능력을 쌓을 수 있습니다. 그 다음에 사회에 나와 실무경력을 쌓으면, 박사 학위에 대해서는 스스로 공부를 더 해야 할지에 대한 판단을 내릴 수 있을 것입니다.

우리나라의 대학교육은 이론위주라는 문제점이 있습니다. 교수님들 역시 학생들에게 '어떻게 실무경험을 쌓게 해줄까?'하는 고민을 많이 합니다. 기관에서는 귀찮아하는 경우가 많기 때문입니다. 독일의 경우 지속적으로 실습 증명서를 내야합니다. 그만큼 실습을 강조하는 것이죠. 우리나라 역시 경험을 많이 쌓을 수 있는 기회를 주어야합니다. 그래야 전문적인 영양사를 양성할 수 있다고 생각합니다. 기관에서 협력해야 학생들이 대학을 졸업 후 취업을 했을 때 현실과의 괴리를 덜 느낄 것이라고 생각합니다.

저의 경우에는 영양사업무를 보면서 박사학위까지 취득했습니다. 선수나 코치들과 얘기하다보면 제가 알고 있는 것과 현실이 다르다는 것을 느낄 때가 있었습니다. 예를 들자면, 제가 공부하기로는 운동을 하는 사람들은 물을 많이 먹으라고 했는데 실제로 선수들은 운동할 때 물을 마시면 안 된다고 합니다. 그렇다고 제가 알고 있는 것을 명확하게 설명해서 정보를 전달하기가 어려웠습니다. 제가 이해하고 있는 것이 너무 부족하다는 생각이 들면서 공부를 더 해야겠다고 느꼈죠. 마침 선배가 서울여대에 좋은 교수님이 오신다고 해서 서울여대 대학원으로 입학하게 되었죠.

한 학기, 한 학기 공부하며 '진짜 공부를 한다.'는 생각이 들었습니다. 석사까지는 뭐가

뭔지 모르고 공부를 했습니다. 그저 어떻게 활용할지도 모른 채 책에 있는 지식만 차곡차곡 쌓았죠. 하지만 박사과정은 내가 왜 공부를 하는지, 무엇이 필요한지 알고 있는 채로 공부를 하니 학기가 끝날 때마다 '이 분야는 내가 확실히 안다.'는 자신이 들었습니다. 영양학은 응용학문이기 때문에 배운 것을 선수들에게 어떻게 적용시켜야 하는지 아는 것이 중요했습니다. 그 때부터는 일하는 것이 그저 재미있기만 했습니다.

- 기초학문 : 공학이나 응용과학 따위의 밑바탕이 되는 순수과학으로 자연 과학의 기초 원리와 이론에 대한 학문을 뜻한다. 통상적인 의미로 기초과학은 영리 활동을 목적에 두지 않은 순수한 지적 호기심에서 나오는 학문의 진리 탐구 자체를 목적으로 하는 학분 분야라는 뜻에서 '순수과학'이라고도 한다. 인문과학에 속하는 기초 학문 분야로는 언어학, 문학, 역사학, 철학, 종교학, 여성학 등이 있고, 자연과학에 속하는 기초 학문 분야로는 과학과 기술 발전의 기초가 되는 물리학, 화학, 생물학, 지구과학 등이 있다.

- 응용학문 : 이룬 지식이나 이론 등의 성과를 인간의 실제적 및 현실적 문제를 해결하거나 인간생활에 도움을 줄 목적으로 진행되는 과학분야 또는 학문분야를 총칭한다.

Question   '영양사'라는 직업에 대해 어떻게 생각하십니까?

남들에게 존경받는 직업도 아니고 힘든 것은 분명합니다. 스스로 일을 지속할 수 있는 힘을 영양사도 어딘가에서 받아야 합니다. 일을 지속하는 데 월급에서 힘을 받기는 쉽지 않을 겁니다. 사람들에게 얘기할 때는 제가 워낙 운동을 좋아했고, 그걸 전공과 접목시켜 직업으로 삼았기 때문에 즐겁다고 좋게 얘기하지만 표면적인 것이 아니라 진짜 힘을 받을 수 있는 것은 따로 있죠. 저도 인간이기 때문에 영양사로서 잘 했다는 인정을 받고 싶고, 제가 응원했던 선수가 좋은 기록을 내거나 저 스스로 그 팀에 동화될 때 함께 에너지를 주고받으며 직업적으로 계속 할 수 있는 힘을 받을 수 있는 것이죠.

한 번은 정말 예뻐했고 마음을 다해 잘 챙겨줬던 선수가 선수촌이 아닌 다른 장소에서 저를 마주치고도 모르는 척했던 적이 있습니다. 당시에는 마음의 상처를 받았고, 허전하기도 했었습니다. '인간관계가 거기까지인가?'라는 생각도 들었고요. 하지만 다시 생각해보면 상처를 받는 것 자체가 프로답지 못한 것 같습니다. 건강한 요리로 선수를 정성껏 챙겨줬으면 나의 역할을 다한 것이고, 거기에서 나의 보람이 끝난 것이니까요. 제가 무언가를 주었으니 당연히 나에게 고마워해야 한다는 것을 기대하는 게 어리석은 거죠.

선수들의 경기를 보는 것을 좋아하지만 이긴 선수에 대한 특별한 기분이 들지는 않습니다. 그래도 선수들과 함께 올림픽을 가면 저도 같이 뛴다는 생각은 합니다. 그래서 선수들이 순간순간 요구하는 것들도 모든 것을 수용하는 편이죠. 워낙 선수촌에 오래 있다 보니 종목별 특성이나 선수들의 기호를 알거든요. 이를 고려해서 도시락을 만드는 편입니다.

'과연 내 직업에서 얻는 보람이 무엇일까?'라는 고민을 해 본적이 있습니다. 선수들이 메달을 따고 고맙다고 말할 때? 음식을 맛있게 먹어줄 때? 물론 다 좋기는 하지만 분명 아닙니다. 그저 제가 기분 좋게 일했으면 그것 자체가 보람이라고 생각합니다.

요리사들이
알려주는
깨알 Tip

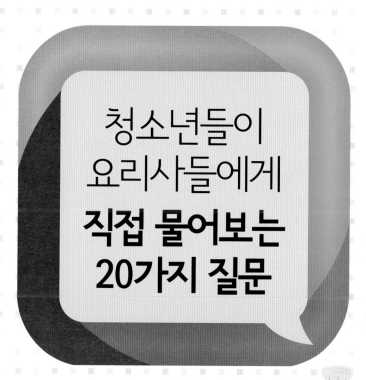

청소년들이
요리사들에게
**직접 물어보는
20가지 질문**

요리를 하면서 성취감이나 힘을 얻는 부분은 무엇인가요?

여러 이유들이 있지만, 크게 다섯 가지를 꼽을 수가 있습니다.

첫째, 8명뿐인 우리나라 조리명장 중 한사람이라는 점

둘째, 조리사 최초 청와대 공무원 3급(국장)을 역임했다는 점

셋째, 우리음식(한식)을 세계 각국 대통령에게 대접했다는 점

넷째, 우리나라의 식자재로 만든 궁중요리를 평양에서 김정일국방위원장에게 대접했다는 점

다섯째, 한식을 비롯해서 세계 각국 음식을 만들 수 있다는 점입니다.

기술 이외에 요리에 필요하다고 생각하시는 것은 무엇인가요?

유연성입니다. 요리사에게 유연성이 정말 중요합니다. 사람마다 생각이 다르다는 것을 받아들일 수 있어야 해요. 보수적이라면 발전하기 어려워요. 그래서 늘 마음의 1/3은 비워두어야 하죠. 저 역시 항상 내가 부족하다는 생각으로 바라봅니다. 지금은 좋은 음식을 찾아다니는 세상입니다. 새로운 것들을 보거나 아이디어가 떠오르면 바로바로 메모해두었다가 조리할 때 반영합니다. 기발한 내 것을 발견해서 강점으로 발전시켜야 합니다.

요리사는 개인시간이 많이 없는 편인데, 자기계발은 어떻게 하셨나요?

관리자의 입장이 되면 메뉴개발 등을 꾸준히 해야만 합니다. 그 업장의 매출과 직결되기 때문입니다. 저는 계절별, 월별, 기본, 특선 등 계속해서 연구하는 편입니다. 이것들은 책에서 많은 아이디어를 찾아내기도 합니다. 지금도 옛 조리서를 비롯해서 책은 한 달에 한 권 이상은 읽고 있습니다. 또한 평상시에 생각이 나는 것들을 메모해두는 습관이 많은 도움이 되기도 합니다. 특히 짧은 시간 내에 메뉴개발을 해야 하는 상황이 올 때면 그 효과를 톡톡히 보는 편입니다.

요리 이외에 도전해보고 싶은 분야가 있으신가요?

지금은 학생을 가르치는 교수로 생활하고 있지만 몇 년안에 '조리명장 문문술'이라는 이름으로 우리나라 음식을 만들어 오너 셰프로서 우리음식 세계화에 적극적으로 앞장서고 싶습니다. 실제로 지금 그 계획을 진행 중에 있습니다.

좋은 음식이란 어떤 요리인가요?

건강과 운동 수행력에 도움이 되는 음식입니다. 한국음식을 기준으로 말하자면 자극성(짜고 매운)이 적고, 기름기(지방)도 적으며 지나치게 첨가물을 쓰지 않은 천연재료를 이용하여 만든 음식이죠. 실제로 국가대항전을 하거나 용병들은 요리사를 데리고 다니기도 합니다. 그러면 영양과 건강도 좋아지고 기분도 좋아지고 성적도 향상되죠. 그런 음식들이 좋은 음식입니다. 실제로 국가대항전을 하거나 용병들은 요리사를 데리고 다니기도 합니다. 그러면 몸과 마음이 회복되고 성적도 향상되죠. 그런 음식들이 좋은 음식입니다.

요리실력과 영양사의 능력은 관계가 있나요?

조리사들이 하는 일을 영양사가 알지 못하면 업무 지시를 할 수 없어요. 영양학을 전공했기 때문에 요리는 몰라도 된다는 생각은 바람직하지 않다고 생각해요. 조리도 알고 영양도 알아야 진짜 영양사입니다. 일반적으로 식품영양학과에서 조리 실습이 있지만, 조리를 즐기는 사람도 있고 싫어하는 사람도 있어요. 조리를 싫어하는 채로 현장에 나가면 살아남기 어렵습니다. 조리와 영양을 같이 아는 것이 무기가 될 거예요.

집에서도 가족들이 식단을 직접 짜시는 편인가요?

아니요. 집에서는 오히려 도움을 받는 편입니다. 제가 선수촌에서 해야 할 일이 많다보니 집에서는 음식을 자주 하기 어렵더라구요. 심지어 아이들은 엄마가 집에 잘 없어서 싫어해요. 제가 집에서 음식을 잘 안하니까 하루는 제 딸이 이렇게 얘기하더라구요. "내가 엄마에 대해 폭로하면 일도 다 끊어질 거야.!" (웃음)

선생님은 어떤 스포츠선수와 가장 친하신가요?

개인적으로 좋아하는 선수는 축구, 농구, 배구, 복싱, 양궁 선수들입니다. 선수들의 이름을 직접적으로 이야기할 수는 없지만 올림픽이나 월드컵에 출전하여 많은 국민들의 사랑을 받는 선수들도 있답니다.

한식이 외국음식들보다 영양가가 많나요?

　한마디로 요약한다면 우리의 전통 한식은 건강식입니다. 물론 음식마다 특성에 따라서 다르기도 하겠지만, 다른 외국 음식에 비해 칼로리가 적은 편입니다. 요즘은 너무 많은 영양섭취를 해서 문제가 되고 있습니다. 높은 칼로리 섭취로 인하여 성인병 등 비만을 초래하여 문제가 되고 있는데 한식의 재료와 조리법을 보면 발효식품인 된장, 김치, 고추장, 간장을 기본 바탕으로 하여 요리하기 때문에 소화력이 좋고 채소 또한 많이 섭취할 수 있는 음식들이 많아 건강에 도움이 됩니다.

한식 조리사가 되는 비법이 있다면요?

　글쎄요. 생각보다 간단합니다. 한식조리사 자격증을 취득하고 전문기관 또는 한정식을 하는 업소에서 배우고 경력을 쌓으면 됩니다.
　한식도 분야가 정말 다양합니다. 전문 식당에서 고급한정식까지 전부를 다 익히고 기술을 연마하는 것이 정말 힘들고 시간도 많이 필요하죠. 그렇지만 고수가 되기 위해서는 꼭 필요한 길입니다.

> **부모님이 요리사가 되는 것을 반대하셔서,**
> **대회에서 수상하여 인정을 받고 싶어요.**
> **학생들이 참가할 수 있는 한식요리대회가 있나요?**

앞으로 요리사는 더욱더 매력 있는 직업으로 떠오를 것입니다. 선진국에서 조리사는 최고의 인기 직업으로 각광 받고 있습니다. 그만큼 매력적인 직업인 것이라고 할 수 있죠. 또한 기술 기능직이기 때문에 취업률도 높고 본인이 직접 사업구상을 할 수도 있습니다. 제가 드리고 싶은 말씀은 부모님이 반대를 하더라도 내가 하고 싶은 것 재능이 있다고 생각이 되면 그쪽으로 가야 성공할 수 있다는 것입니다. 대회에 출전해서 큰상을 받고 부모님께 보여드리고 설득하면 좋겠지만, 그게 아니더라도 자신의 확고한 비전을 보여 드리는 것이 좋을 것 같습니다.

대회야 한식이 아니더라도 다양한 요리대회가 많으니 얼마든지 나갈 수 있고 가끔 국제요리대회, 지방 향토요리대회 등 대회가 있지만 개인이 혼자 나가기는 힘이 드니 학교에서 또는 조직에 소속 되어 요리대회에 참가하는 것이 좋을 듯 합니다.

> **한식이 양식보다 요리하기 쉽나요?**

요리의 특성에 따라서 어렵기도 하고 쉽기도 하는 것이기 때문에 어느 쪽 요리가 어렵다고 정의하긴 힘듭니다. 다만 요리도 그 나라의 역사와 문화를 대변하고 있기 때문에 각 나라의 문화를 보고 음식을 이해한다면 좀 더 쉽고 이해가 빨리 가지 않을까 생각됩니다.

학생들이 제빵사에 대해 갖고있는
오해와 환상들이 있나요?

제빵 학원에는 남학생보다 여학생이 많습니다. 저희 아카데미도 마찬가지고요. 다만 여학생들은 화려한 것을 좋아하는 분들이 계신데 제빵이라는 것이 반죽을 치고 생지를 반죽하는 과정이 굉장히 힘이 듭니다. 물론 지금은 기계가 많은 부분을 해주지만 체력적으로 힘든 일들이 많아요. 매일 새벽에 일어나야 하는 것도 쉽지 않죠.

'제빵왕 김탁구' 같은 드라마가 제빵산업에
미치는 영향이 있었나요?

아무래도 다양한 시청자가 즐기는 드라마다 보니 '제빵 내용 이외에 스캔들이나 사랑, 갈등 같은 다양한 소재가 들어갈 수밖에 없겠구나.'하는 생각을 했습니다. 그렇지만 많은 사람들이 제빵에 대해서 좀 더 많이 이해 할 수 있는 계기가 되었던 것 같습니다. 빵을 만드는 것이 단순히 밀가루만 반죽에서 오븐에 굽는다고 되는 것이 아니라 온도, 습도, 시간 등을 세밀하게 맞춰야 하는 작업들을 재미있게 표현했었습니다.

지금도 빵을 즐겨 드시나요?

　빵의 맛은 참으로 오묘해서 지금도 즐겨 먹어요. 그렇지만 전 역시 한국사람 입맛인지라 아침만큼은 꼭 밥으로 먹습니다. 빵은 보통 점심이나 저녁에 자유식으로 먹고요. 유럽에선 빵을 주식으로 하는 만큼 잡곡빵이나 호밀빵은 오히려 쌀밥보다 더 영양이 많습니다. 밥은 습관적으로 먹는 거고 그 외에는 가장 좋아하는 것은 역시 빵입니다.

제빵 이외 관심분야가 있으셨나요?

　저는 어렸을 때부터 건축에 관심이 있었어요. 지나가다 가드레일 '통통' 두드려보고 '대충 두께가 얼마겠구나,'라고 생각도 해보고, 공사현장에 서서 한참을 구경하기도 했습니다. 지금 회사 건물도 설계하고 짓는데 많은 부분을 관여했어요. 만약 제빵을 안하고 건축을 했더라도 밥은 먹고 살지 않았을까 생각합니다.^^

가장 좋아하는 요리는 무엇인가요?

　저는 파스타를 가장 좋아합니다. 우선 맛있습니다. 제 생각에 가장 정감이 가는 요리 중 하나가 파스타이지 않을까 합니다. 대중들도 많이 좋아하고 그리고 제가 워나 따뜻한 음식을 좋아하니까요.

어떤 요리가 좋은 요리인가요?

　마음을 움직이는 요리가 좋은 요리라고 생각합니다. 저는 요리를 할 때 상대방의 식습관을 체크하는 습관이 생겼어요. 채소섭취가 부족한 사람에게는 샐러드를 넉넉히 주고 나트륨 섭취가 많은 사람에게는 저염분 식사를 만들어줍니다. 그렇게 하면서 상대방의 건강 밸런스를 도와줄 수가 있어요. 상대가 즐겨먹는 식재료들을 떠올려 보세요. 굳이 비싼 재료를 구하지 않더라고 내가 상대방에게 얼마나 관심이 있는지, 어떤 마음을 갖고 만들었는지를 보여주는 거죠. 작은 배려이지만 상대방에겐 감동으로 다가갈 겁니다. 그게 바로 좋은 요리죠.

드라마 파스타에서 버럭하는데 원래 그렇게 버럭하시나요?

　이선균 캐릭터는 드라마를 위해 만들어진 역할일 뿐입니다. 개인적으로 선균이형이랑 친한 편이어서 촬영하기 전부터 한 달 동안 세프가 하는 일에 대해 알려주었습니다. 제가 음식에 대한 까칠한 것은 맞습니다. 음식에 대한 자부심이 있기 때문이죠. 음식이 테이블로 나가는 것은 내 얼굴이 나가는 것과 같다고 생각합니다. 그렇다고 맨날 욕만하고 때려부수고 하는 건 절대 아닙니다. 우리 주방의 분위기는 아주 좋습니다.^^

▲ 배우 이선균씨와 함께

나는 어떻게 **진학하면 좋을까요?**

	학교명	학과/학부명	위치	소개
1	경기대학교	외식조리학과	경기	이론과 실무를 겸비한 전문 경영인, 실무전문가, 세계화/전문화를 선도하는 직업인을 양성하기 위해 한국에서는 1994년에 최초로 개설되었으며, 특성화 교육에 초점을 맞추고 있다.
2	경산1대학교	호텔외식 조리학과	경북	1. 국제 경쟁력을 갖춘 전문조리인 양성 2. 발전하는 외식, 식음료분야의 과학적이고 체계적인 접근 3. 한국음식의 세계화, 식문화 관련 연구 및 전문가 양성 4. 현장실무 중심의 교육과정 운영 5. 인성과 교양을 갖춘 전문 교양인 지향

3	경희대학교	조리과학과	서울	국민식생활 개선을 주도할 조리과학도의 양성, 조리과학을 세계적으로 발전시키기 위하여 조리과학 전반에 관한 연구시도, 이론과 실기를 겸비한 세계적인 조리관련분야의 전문인 양성을 목표로 한다.
4	고려직업 전문학교		서울	1학년은 한식, 중식, 일식, 양식 실습을 통해 기본 레시피를 습득하며, 2학년에 새로운 요리를 연구하고 창작하는 수업을 통해 세계에서 인정받는 전문조리인을 양성하고 있다.
5	광주대학교	호텔외식 조리학과	광주	외식경영, 조리, 제과제빵, 식품의 이론적 지식을 바탕으로 조리실무 기술을 배양하고 현장에서 요구하는 실무능력위주의 교육을 펼쳐 호텔 및 외식분야의 최고의 전문인 배출 양성을 목표로 한다.
6	국제조리 직업전문 학교		서울	학교교육과 현장교육이 동시에이루어지는 실기 위주의 특성화 교육, 새롭게 준비된 첨단의 조리교육시설, 현장경험이 풍부한 교수진, 산학협력을 통한 취업연계, 졸업 후에도 계속 되는 사후관리 서비스까지 여는 국제조리직업전문학교이다.
7	남부대학교	호텔 조리학과	광주	호텔기업체 및 전문외식업체가 요구하는 탁월한 조리기능의 학습효과를 높이기 위한 방안과 미래지향적 수업방향을 제시하고, 요리산업분야의 심층적이론과 최고의 실무를 겸비한 21세기 맞춤교육으로 훌륭한 음식산업의 신 직업인 인재를 양성하는 실무중심의 교육을 바탕으로 국내 4년제 종합대학에서 호텔조리분야의 전문인력을 배출하는 국내 호텔관광분아의 최고의 징통 호텔조리학과로 그 목적을 두고 있다.
8	라미드 호텔전문학교	호텔조리학과	서울	조리에 관한 이론을 익히고 실습을 통하여 기초, 고급요리 및 전통음식에 관한 전문조리기술을 습득하도록 하고 있다. 또한 현장중심의 교육으로 다양한 분야의 조리실습실(한식, 양식, 제과제빵, 와인, 커피실습실)을 보유하여 다양한 전문분야를 경험할수 있도록 실무능력을 최대한 배양시키며 실제 자신의 전공분야에 대한 선택의 적성 및 확신을 갖도록 방학을 이용한 현장실습을 통하여 이를 확인할 수 있도록 지도하고 있다.
9	서울연희 전문학교		서울	이론이 아닌 현장실습의 교육으로 사회에 필요하고 현장으로 바로 투입이 가능한 호텔요리, 제빵, 바리스타, 주조사 전문인을 양성, 타학교와 차별화 특성화된 커리큘럼과 교수진과 최신식의 시설로서 현장과 동일한 환경을 조성한 교육기관이다.
10	서울현대 직업전문학교	호텔관광 조리전공	서울	음식문화의 국제화와 급속히 발전하는 외식조리분야에 대한 질적 수준 향상에 기여하고 조리실무 기능을 익혀 특급호텔과 해외 프랜차이즈, 외식업계 관련 서비스 분야에 필요한 관리 및 경영의 능력까지 익혀 미래 창조적인 외식 산업 조리인을 양성하는 실무 교육의 요람이 되고자 되고자 한다.

11	서울호서직업 전문학교	호텔조리과	서울	날로 증가하는 호텔·외식수요에 국가별 정통요리 및 퓨전요리 등에 관한 과학적·영양적·예술적 기본지식과 실무능력을 배양하여 다양한 아이디어를 통한 특화된 메뉴 개발로 식문화 창출에 기여하는 최고의 요리사와 빠띠시에, 푸드스타일리스트, 외식창업자 등을 양성한다.
12	서원대학교	호텔외식 조리학과	충북	2007년 외식산업학과로 설립되어 우리나라 외식산업의 중추적인 역할을 담당할 지성과 인격을 겸비한 창의적인 중견 외식조리 및 외식산업 분야의 전문가를 양성하고 있다.
13	서정대학교	호텔조리과	경기	대한민국 조리명장이며 청와대 총주방장 출신의 교수님과 인터컨티넨탈 서울 총주방장, 강원랜드 총주방장을 역임하신 분들을 교수님으로 임용하여 실용학문 중심의 교육을 실시하고 있으며, 서울시내의 다수 특급호텔 개관에 참여하고 재직했던 총지배인 출신과 조리기능장 및 제과기능장님들이 조리 및 제과제빵 분야를 현장감 있는 전공이론 강의와 실무중심 교육을 실시 하고 있다.
14	수도조리 직업전문학교		서울	수도조리직업전문학교 50년 전통의 조리교육 경험과 동서양 조리의 전반적인 이해를 바탕으로한 핵심을 잡아주는 현장실무 위주의 교육과 이론적 원론의 조화가 이루어진 차별화된 커리큘럼의 수업진행으로 국내와 국제적으로 활약할 수 있는 전문조리사를 양성하고 있다.
15	순천대학교	조리과학과	전남	식품의 조리과학에 관한 전문지식과 이론을 익히고 여러 가지 실험·실습을 통하여 개인이나 사회가 요구하는 식생활의 발전에 이바지하는 전문인을 양성하는데 주된 목적을 두고 있다.
16	신안산대학교	호텔조리과	경기	1. 철저한 이론과 실습 50:50 교육으로 이루어져 있다. 2. 조리현장에 적용 가능한 실무 기술교육을 한다. 3. 인격을 갖춘 전문조리인 양성을 한다. 4. 조리와 관련한 다양한 기초 이론 학습지도를 한다. 5. 철저한 실험실습을 통하여 고급 전문 조리기술을 습득 한다. 6. 현장 실습을 통한 산학유대 강화로 적응력을 배양하고 취업기회 확대 한다.
17	영동대학교	호텔외식 조리학과	충북	음식문화의 국제화와 급속히 발전하는 외식산업의 질적 수준향상에 기여하기 위해 특급호텔과 해외 프랜차이즈, 외식업계, 기타 관광 관련 서비스 분야에 필요한 외식조리에 관한 전문지식과 실무능력을 배양시켜 미래 외식조리 분야를 선도해 나갈 전문인 양성을 목표로 한다.
18	영산대학교	한국식품 조리학과	부산	1. 이론과 실무를 겸비한 한국음식전문가 양성 2. 한국음식의 세계화를 위한 인재 양성을 목표로 한다.

19	영산대학교	동양조리학과	부산	다변화 되어가는 국제화, 전문화, 기능화 시대에 음식문화의 다양성을 이해하고 최근 "well-being"을 중요시하는 세계적인 추세에 아시아 요리에 대한 인식이 변화함에 따라 이론 및 실습 위주의 질 높은 조리 기술을 습득한 외식산업분야를 주도해나갈 인재를 양성하는 학과이다.
20	영산대학교	서양조리학과	부산	1. 이론과 실무를 겸비한 국민생활을 개선을 주도할 조리과학도 양성 2. 서양조리를 세계적으로 발전시키기 위한 조리과학 전반에 관한 지도 3. 국 내외 특급호텔과 대기업외식업체 취업 중심적인 학습지도 4. 글로벌시대에 맞는 세계적인 조리관련분야의 전문가 양성을 목표로 한다.
21	우석대학교	외식산업조리학과	전북	1. 조리기술, 메뉴개발, 원가관리, 마케팅, 외식창업 등의 현장 실무능력배양 2. 사회와 기업이 요구하는 다양한 전문지식과 실무능력을 겸비한 외식전문가 양성 3. 투철한 봉사정신과 직업의식을 갖추고 외식산업을 선도할 전문인력 양성 4. 글로벌 마인드와 국제적 경쟁력을 갖춘 외식 전문가 을 목표로 한다.
22	우송대학교	글로벌한식조리학과	대전	글로벌한식조리전공은 한식의 과학함에 초점을 맞추고있습니다. 이것은 기존의 한국음식의 세계화 또는 한국음식조리과정이 지닌 문제점을 파악하고 이를 과학적인 분석과 계량화 등에 대한 연구로 한식의 국제적인 경쟁력 향상에 초점을 맞추고자 한다.
23	우송대학교	글로벌조리학과	대전	오늘날의 고객들은 영양과 맛을 고려한 한 끼의 식사뿐 아니라, 문화의 소통과 교류를 원하고 있으며, 새로운 문화를 만들고 발전시키는 식음료 전문가를 갈망하고 있다. 이러한 시대적 요구와 국제적 트렌드에 맞추어 2015년 글로벌 조리학과가 신설 되었다.
24	우송대학교	외식조리학부	대전	최첨단 실습실과 강의시스템을 통해 국제적인 수준의 감각이 뛰어난 전문가 양성을 목표로 효과적인 교육과정과 풍부한 현장경험을 향상시키기 위하여, 해외 인턴십 과정을 운영하여, 국내를 비롯한 해외의 어느 곳에서도 근무할 수 있는 최고의 요리전문가로 능력을 함양시키는 것을 목표로 한다.
25	우송정보대학교	외식조리과	대전	외식조리 및 제과제빵 전공 과정은 국내에서 유일하게 실시하고 있는 블록식(Block) 실습 교육과정을 도입하였으며 최첨단의 실습실과 강의시스템을 갖춤으로서 21세기 외식 산업을 이끌어 나갈 수 있도록 조리 밎제과 제빵 분야의 전문 기술과 지식을 함양할 수 있는 효과적인 교육 과정과 풍부한 현장 경험과 국제적인 감각을 가진 내·외국 교수진의 철저한 지도를 통하여 전문 기능인으로서의 잠재력을 최대한 신장시키도록하고 있다.

26	을지대학교	외식조리학	경기	국민건강증진과 식생활문화의 향상에 이바지 할 외식조리 전문가의 양성을 교육목표로 한다. 이를 위하여 조리 이론과 동서양 음식의 실습은 물론, 이를 바탕으로 한 외식산업의 관련 교과목과 식품이론을 교육하고 있으며, 졸업 후 창의적인 조리기술을 바탕으로 외식산업분야에서 주도적인 역할을 하고 식문화의 발전에도 기여하도록 능력을 배양하고 있다.
27	인천 문예전문학교	호텔 조리학과	인천	"요리는 예술작품이다. 요리사는 예술가이다." 최고의 쉐프는 최고의 멘토가 만든다는 교육 방침에 따라 국내 특급호텔 외 정통 쉐프와 해외파 부띠크 레스토랑의 쉐프가 조화를 이룬 멘토 교수진이 한, 중, 일, 양식의 순수조리와 시대적 트렌디한 창작 조리, 메뉴 디자인의 절제된 교육 및 현장 실습을 통해 외식산업을 리드할 글로벌 쉐프를 양성한다."
28	전주대학교	한식조리학과	전북	전통음식문화를 보존 · 계승 · 발전시키며 동서양의 음식문화 및 식품에 관한 지식을 함양하고 나아가 한국음식의 세계화에 주도적 역할을 담당할 인재양성 또한 건학이념인 기독교 정신을 구현과 실천하는 인재양성을 목표로 한다.
29	창신대학교	외식조리학과	경남	식품산업의 새로운 변화와 요구에 능동적으로 대처하고 미래 외식산업 발전을 주도할 국제적인 감각을 지닌 외식산업지도자의 양성을 위해 보편화된 대학교육의 교과과정에서 벗어나 철저한 학사관리, 커리큘럼의 합리적 운영 및 외식산업에 적합한 특성화교육으로 미래지향적 수업방향을 제시한다.
30	초당대학교	조리과학과	전남	4년제대학으로는 전국에서 두번째로 개설된 첨단학과이며 현장 경험이 풍부한 교수진이 최신 실습실에서 이론과 실무를 병항하는 현장 중심적 교육을 실시하고 있다.
31	한국국제대학교	외식조리학과	경남	1. 국내외 특급호텔, 외식업체 전문 프로조리사, 제과제빵전문가 양성 2. 호텔 및 외식산업의 중추적인 역할을 담당할 기술과 관리능력을 겸비한 인재 양성을 목표로 한다.
32	한국조리 사관전문학교	호텔조리전공	서울	서양과 동양요리와 제과, 제빵, 식문화역사를 바탕으로 급속히 발전하는 외식산업의 질적인 수준향상과 다양한 음식문화의 글로벌 시대에 발맞춰 외식조리의 전문지식과 실무능력의 배양으로 세계화 흐름에 맞는 국제 감각의 조리사를 양성하고자 한다.
33	한국호텔 관광직업 전문학교	호텔외식 조리학부	경기	국내외 약 300개의 호텔 및 다양한 외식업관련 업체와 산학협력 네트워크를 구축하고 현장실습을 통해 실무능력을 향상시키고 있다.
34	한국호텔 관광직업 전문학교	호텔식음료 제과제빵학부	경기	외식산업의 발전에 발맞춘 전문가를 양성하는 것으로 제과제빵 기술뿐만 아니라 식음료 경영등 외식산업의 이론과 실무교육을 실시해 전문적 사고능력과 경영기술을 갖추도록 교육한다.

35	한국호텔 관광직업 전문학교	식공간연출학부	경기	식문화는 미식적 차원 넘어 오감을 통한 맛보기로 진화하였다. 이제 오감을 넘어 요리의 육감을 통해 새로운 식문화 트랜드를 이끌어갈 멀티플레이어형 인재를 키운다.
36	한국호텔 전문학교	식품조리학과	서울	한식조리, 양식조리, 동양조리(일식, 중식)를 중심으로 조리에 대한 과학적, 영양적, 위생적, 미적 기본지식 및 이론과 기술을 습득함으로써 창의적이며 품위있고 고급스런 요리를 만들 수 있도록 하여 호텔, 외식산업의 조리분야에 종사할 수 있는 전문조리사의 양성을 목표로 하고 현대인들의 다양한 욕구변화를 수용하고 최신 시설을 갖춘 호텔, 레스토랑, 외식산업체에서 전 세계인을 대상으로 한 음식문화를 정착시키기 위하여 식품조리에 관한 지식과 각국의 다양하고 특색있는 조리실무기능을 보유한 유능한 전문 조리사의 양성을 교육목표로 한다.
37	한림 성심대학교	관광외식조리과	강원	1988년 국내에서 처음으로 전통조리과로 신설된 학과로 인성교육과 조리실습 교육의 조화를 통해 음식문화산업 발전에 기여할 수 있는 전문조리사로 교육 배출하고 있다. 조리, 제과제빵, 와인, 푸드스타일링 등 실무 교과과정을 개설하고 최첨단 조리 실습실에서 실기기술 및 응용력이 강화된 교육을 실시한다.
38	호남대학교	조리과학과	광주	한국전통식문화를 바탕으로 세계화에 부응하는 호텔조리 및 외식전문가 양성을 목표로 조리 기초 기술을 넘어서 변화하는 외식산업 시장분석 제품연구와 메뉴개발 등 다양한 지식과 기술을 갖추고 한식 세계화를 선도할 글로벌 외식 조리 전문가를 양성한다.

출처 : 각 학교 홈페이지 및 학과 소개 페이지

세계 3대 요리학교 CIA (The Culinary Institute of America)

CIA는 1946년에 설립된 최고의 조리교육을 제공하는 학교로 세계 최고의 전문 요리 사립학교이다. 60년 이상의 깊은 전통과 최고의 조리교육으로 알려진 조리교 육기관이다. 요리, 제과·제빵을 전문으로 준 학사학위와 4년제 학사학위를 제공하 고 있다.

세계 최고 요리대학인 CIA는 다양한 연구 활동과 회의들을 통해 보다 건강하고 세계적인 요리관과 조리문화 분야에 선구적인 사상을 배울 수 있게 돕고 있다. CIA 는 외식산업과 호텔산업 등 다양한 분야의 전문가들에게도 컨설팅을 제공해주면서 서비스업계에 이바지하고 있다.

CIA 요리학교는 미국 뉴욕의 하이데파크, 캘리포니아의 세인트헬레나, 텍사스의 샌안토니오 그리고 싱가폴 등 4곳에 캠퍼스를 두고 있다. 최고의 조리교육, 요식업의 전문성을 증가시키고 선구자적인 혁신, 요식업계와의 협력을 통해 CIA는 음식에 대한 인식을 바꾸도록 하고 있다.

세계 3대 요리학교 **르꼬르동 블루**(Le Cordon Bleu)

　프랑스 요리의 발전과 전파를 목표로 1895년에 설립된 프랑스 요리, 제빵제과 및 와인 전문학교이다. 프랑스어로 '파란 리본'을 의미하는 '르 꼬르동 블루'라는 단어는 원래 앙시앵 레짐기(ancien régime, 프랑스 혁명 이전)의 프랑스 최고 권력 기관인 '성령 기사단'(Ordre du Saint-Esprit)을 지칭하는 단어였으나, 당시 이 기사단이 즐겼던 성대한 만찬이 훗날 유럽 각국으로 전파되면서 '최고의 요리'라는 뜻으로도 불리게 되었다.

　설립 초기에는 1895년 발간된 세계 최초의 요리 잡지인 라 퀴지니에르 꼬르동 블루(La Cuisinière Cordon Bleu)가 소개하는 요리를 비롯한 프랑스 고급 요리 강좌가 열렸다. 르 꼬르동 블루는 설립부터 많은 관심을 받았으며, 제1차 세계대전(1914년-1918

넌) 이전에 다양한 국가 출신의 유학생들을 받아들이면서 국제적인 명성을 얻게 된다. 이후 미국 요리계의 전설이 되는 줄리아 차일드(Julia Child), 유명 쉐프 낸시 실버튼(Nancy Silverton), 제임스 피터슨(James Peterson)을 비롯한 많은 유명 요리사를 배출했다.

현재 교육과정은 4일 이하의 짧은 기간 진행되는 단기과정과 장기과정(요리, 제빵제과, 와인)이 마련되어 있다. 장기과정은 초급(Base), 중급(Intermédiaire), 고급(Supérieure)의 세 단계로 나뉘어지며, 10주간(1주일에 6일, 1일에 6-9시간)의 수업으로 진행된다. 각 단계를 이수했을 때마다 이를 확인해주는 증명서(Certificat)를 발급받을 수 있으며, 고급 단계까지 마쳤을 경우에는 자격증(Diplôme)이 부여된다. 또한 요리와 제과 과정을 동시에 진행하는 '르 그랑 디플롬'(Le Grand Diplome)의 고급 단계를 모두 마쳤을 경우에는 '르 그랑 디플롬 르 꼬르동 블루'(Le Grand Diplôme Le Cordon Bleu)를 획득할 수 있다.

영국의 런던, 캐나다의 오타와, 일본의 도쿄를 위시한 전 세계 15개국에 29개 해외분교를 설립하고 국제교류 시스템을 구축하고 있다. 한국에서는 지난 2002년 이래, 숙명여자대학교에서 르 꼬르동 블루와 공동으로 '르 꼬르동 블루 – 숙명 아카데미'를 운영하고 있다.

세계 3대 요리학교 **츠지대학교**

츠지 조리사 전문학교의 슬로건은 「요리계의 동경대」로 미국과 프랑스의 요리학교와 함께 세계 3대 요리학교의 하나로 명문 학교이다. 「요리의 세계는 진품이외에는 통용되지 않는다.」라는 츠지 조리사 전문학교의 정책 아래서 지도를 하는 전임 선생님들은 국내외의 일류 가게에서 수업을 쌓은 본격파들로 구성되어 있는데, 이러한 선생님들로부터 장래에 실질적으로 도움이 되는 기술을 배울 수 있다.

텔레비전이나 잡지 등의 미디어에서 활약 중인 선생님을 비롯해 유명점 및 호텔의 요리장 경험자, 질 높은 기술을 살려 영화/드라마에서 협력 및 콘테스트 입상을 한 선생님들도 많아서, 제작 및 콘테스트의 뒷이야기를 들을 수 있는 기회도 있을 것이다. 또한 선생님들은 전원이 츠지 졸업생이기 때문에 학생들의 심정이나 불안도 누구보다 잘 이해할 수 있으며, 부모님처럼 상담도 응해 주신다. 무엇보다 실습 중에도 선생님과의 거리가 가까워서 고도의 테크닉을 눈앞에서 볼 수 있을 뿐만 아니라 프로의 조언을 세세하게 받을 수 있을 것이다.

츠지 그룹교의 졸업생은 무려 11만 명으로 졸업생이 경영하고 있는 가게만 국내외에 1300점포이상이다. 그밖에도 호텔 조리장 및 유명 레스토랑의 오너 요리장으로 활약하고

있는 졸업생이 많은데, 그러한 네트워크를 활용해 츠지 그룹 교에서는 매년 전국각지로부터 구인정보가 들어오고 있다. 또한 희망의 취직을 실현할 수 있도록 전임 스탭에 의한 세미나 및 개인 상담 등도 실시하고 있다. 다양한 가능성을 가지고 있는 직업계에 대한 꿈을 전력으로 백업하고 있는 것이다. 물론 졸업생도 서포터를 계속해서 받을 수 있으며, 졸업생 네트워크가 운영하는 홈페이지나 화보를 통해 업계의 최신정보 등을 얻을 수 있다.

츠지교는 자신의 가게를 가지고 싶은 사람들을 위해 개업서포트라는 특별강좌를 개설하고 있다. 대상은 츠지 그룹교의 졸업생과 졸업 예정자들로, 개업계획서를 제출하고 합격을 하면 무료로 수강이 가능하다.

각 업계의 제일선에서 활약하는 선생님들로부터 요리나 법무 등 실천적인 경영 노하우를 배운다. 졸업 후 수해가 지나도 수강이 가능한데, 확실하게 경험을 쌓고 독립하려는 학생들에게는 정말로 든든한 서포트가 아닐 수 없다.

권상범 제과명장의 **초코머핀 만들기**

초코머핀을 만들어 볼까요?

① 배합표의 각 재료를 계량하여 재료별로 진열하세요.

② 반죽은 크림법으로 제조하세요.

③ 반죽의 온도는 24도를 표준으로 하세요.

④ 초코칩은 제품의 내부에 골고루 분포되게 하세요.

⑤ 반죽분할은 주어진 팬에 알맞은 양으로 반죽을 팬닝하세요.

⑥ 반죽은 전량을 분할하세요.

배합표

재료	바율(%)	무게(g)
박력분	100	500
설탕	60	300
버터	60	300
계란	60	300
소금	1	5
베이킹 소다	0.4	2
베이킹파우더	1.6	8
코코아파우더	12	60
물	35	175
탈지분유	6	30
초코칩	36	180
계	372	1860

만드는 법

1. 믹서 볼에 버터를 넣고 거품기로 부드럽게 풀어준다.
2. 설탕과 소금을 넣고 크림상태로 만든다.
3. 계란을 조금씩 넣으면서 부드러운 크림상태로 만든다.
4. 반죽에 물을 조금씩 넣어가며 섞은 다음 함께 체 친 박력분, 베이킹 소다, 베이킹파우더, 코코아파우더, 탈지분유를 넣고 반죽을 균일하게 섞는다.
5. 반죽에 초코칩을 넣고 가볍게 섞어 반죽을 완성한다.(반죽의 온도는 24도다.)
6. 주어진 틀에 머핀종이를 깔고 짤주머니에 반죽을 넣어 팬의 70% 정도 팬닝한다.
7. 윗불 180도, 아랫불 160도 오븐에서 20~25분동안 굽는다.

TIP

1. 반죽이 분리되지 않도록 유의한다.
2. 가루재료의 양이 많아 반죽이 뭉치므로 물을 먼저 반죽에 넣는다.
3. 초코머핀은 22~24개가 완성된다.

조성숙 영양사가 추천하는 **청소년 맞춤식단**

| 성장을 위한 식당 |

조식	중식	석식
발아현미밥	혼합잡곡밥	클로렐라밥
쇠고기미역국	건새우아욱국	닭개장
치즈달걀말이	돈육버섯불고기	삼치유자청구이
애호박전	검은콩연근조림	두부양념조림
가지나물무침	참나물오이겉절이	콩나물무참
깍두기	배추김치	배추김치

| 시험기간에 집중력 향상을 위한 식단 |

조식	중식	석식
찰흑미밥	혼합잡곡밥	밤밥
시래기된장국	순두부찌개	콩나물무채국
고등어데리야끼구이	단호박케레닭갈비	쇠고기메추리알장조림
연두부달걀찜	멸치호두조림	새송이파프리카볶음
청경채고추장무침	시금치나물무침	도라지생채
배추김치	배추김치	배추김치

| 피부가 좋아지는 식단 |

조식	중식	석식
혼합잡곡밥	현미밥	율무밥
청국장찌개	쇠고기버섯국	대구탕
연어구이 & 소스	오리불고기	닭날개꿀조림
감자곤약조림	양배추찜 & 쌈장	두부구이 & 양념장
오이사과생채	해초샐러드	브로콜리초회
배추김치	배추김치	배추김치

요리사 추천도서 (출처 : 예스24)

제국호텔 주방이야기 | 무라카미 노부오 저, 강철호 역 | 책과길 | 2010.5 |

요리사 겸 직장인으로서 부끄럽지 않게 한 평생을 실아온 요리 달인의 거짓 없는 기록으로, 음식에 관한 재미있는 일화, 국가원수와 연예인 등 유명인들의 음식 에피소드, 그리고 호텔 주방의 비밀 야화가 생생하게 기술되어 있다.

일곱 개의 별을 요리하다 | 에드워드 권 저 | 북하우스 | 2008.11 |

두바이를 정복한 김치셰프 에드워드 권이 세계 일류를 꿈꾸는 후배들에게 전하는 성공 레시피!

에드워드 권 에디스 카페 | 에드워드 권 저 | 북하우스 | 2010.7 |

에드워드 권이 최초로 쓴 요리책 EDDY'S CAFE는 세 시즌 동안 선보인 레스토랑 메뉴 71개의 레시피와 더불어 자신의 요리 철학을 담은 글들로 구성되어 있다.

미각혁명가 페란 아드리아 : 이 시대 최고 요리사의 열정과 집념
| 만프레드 베버–람베르디에르 저, 이수호 역 | 들녘 | 2008.6 |

'세계 최고의 레스토랑'를 이끄는 페란 아드리아, 요리를 예술의 경지로 이끈 그의 열정과 요리 철학을 만난다!

손끝으로 세상과 소통하다 : 한국의 미스터 초밥왕 안효주 | 안효주 저 | 전나무숲 | 2008.4 |
인기 요리만화 〈미스터 초밥왕〉 한국편에 등장해 주목을 받은 안효주가 요리경험과 인생이야기를 바탕으로 재미와 깊이를 함께 담아낸 요리 에세이.

쿡스투어 : 세상에서 제일 발칙한 요리사 앤서니 보뎅의 엽기발랄 세계음식 기행
| 앤서비 보뎅 저, 장성주 역 | 컬처그래퍼 | 2010.2

뉴욕 맨해튼의 일류 요리사 앤서니 보뎅의 세상에서 제일 맛있고 유쾌한 음식 여행기.

고든 램지의 불놀이 : 슈퍼 쉐프 고든 램지의 '핫'한 도전과 성공
| 고든램지 저, 노진선 역 | 해냄 | 2009.9 |

빈털터리 풋내기 요리사가 미슐랭 쓰리 스타에 빛나는 최고 쉐프로 성장하고, 세계적인 레스토랑 왕국을 세우기까지의 여정이 흥미롭게 펼쳐진다.

세기의 쉐프, 세기의 레스토랑 | 킴벌리 위더스푼, 앤드류 프리드먼 공저, 김은조 역 | 클라이닉스 | 2008.1 |
세계적으로 인정받는 유명 요리사들의 실수와 극복 방법을 담은 『세기의 쉐프 세기의 레스토랑』. 이 책은 미국을 비롯한 영국, 이탈리아 등지의 스타 쉐프들이 요리세계에 들어와 일어난 에피소드를 모은 단편집이다.

요리사를 소재로 한 **작품 둘러보기**

요리사와 관련된 만화 영화

요리왕 비룡 : 요리의 달인, 요리의 꼬마천재 비룡이 요리연수를 위한 기나긴 여행을 하며 겪는 이야기를 담은 만화

밤비노!(バンビーノ!, 2007?) – 만화책원작 제목은 같음 : 이탈리아 신참 요리사 반 쇼고의 주방 고군분투기를 그린 드라마

라따뚜이(Ratatouille, 2007) : 절대미각, 빠른 손놀림, 끓어 넘치는 열정의 소유자 '레미'. 프랑스 최고의 요리사를 꿈꾸는 그에게 단 한가지 약점이 있었으니, 바로 주방 퇴치대상 1호인 '생쥐'라는 것!

요리사와 관련된 영화

바텔(vatel, 2000)

17세기 루이 14세의 왕자 콩데의 성, 프랑소와 바텔은 경제적으로 파산 직전인 콩데 왕자의 성실한 집사이다. 왕자는 국왕의 신임을 얻으려 3일간의 성대한 축제를 열고 이 축제의 성패는 집사 바텔에게 달려있다. 바텔은 모든 하인들을 지휘하여 국왕이 가장 좋아할만한 음식들과 무대 연출을 디자인한다. 이런 부산한 중에 왕비의 측근이자 궁 내의 모든 남자들이 탐을 내는 안느를 만나게 되는데 안느는 바텔의 순수한 열정과 신념, 책임감에 바텔은 자신의 평민인 신분에 개의치 않고 인간적으로 대해주는 그녀의 순수함에 끌리게 되어 하룻밤을 보낸다. 그러나 그 전날 밤을 같이 보냈던 왕이 안느를 다시 찾자 그녀는 돌아가 버리고 상심한 바텔은 축제의 정점에서 만찬을 위한 생선이 도착하지 않아 당황하게 되는데…

사랑의 레시피(No Reservations, 2007)

자신의 삶과 자신의 일터인 주방을 성공을 위한 자신만의 레시피로 가꿔가는 뉴욕 맨하탄 고급레스토랑의 주방장 '케이트'(캐서린 제타 존스). 그러나 삶도 요리도 즐거움을 추구하는 부주방장 '닉'(아론 애크하트)과 언니의 갑작스러운 사고로 함께 살게 된 조카 '조이'(아비게일 브레슬린)의 등장으로 모든 것이 흔들린다. 최고의 주방장이 되는 것이 곧 인생의 성공이라 믿은 굳건한 신념과 가치에 대한 회의가 밀려오고, 이제 그녀는 레시피 없이 세상에서 가장 맛있는 요리를 만드는 법을 배워가는데…

마이 블루베리 나이츠(My Blueberry Nights, 2007)

아픈 이별을 경험한 엘리자베스(노라 존스)는 우연히 들른 카페에서 카페 주인 제레미(주드 로)를 만나고, 그가 만들어 주는 블루베리 파이를 먹으며 조금씩 상처를 잊어간다. 어느 날, 엘리자베스는 실연의 상처를 치유하기 위해 훌쩍 여행을 떠나고, 그녀를 사랑하고 있음을 깨달은 제레미는 매일 밤 그녀의 자리를 비워두고 기다리는데…

키친(2009)

사랑스런 그녀,누구나 사랑할 수 밖에 없는 달콤한 악마, 모래(신민아). 사랑 앞에 거침없이 돌진하는 남자, 두레(주지훈). 모든 여자들의 로망, 완벽한 조건에 자상한 매력까지 겸비한 남자, 상인(김태우). 두 남자와 한 여자가 한 키친을 공유하기 시작했다. 그들이 보여주는 달콤 쌉싸름한 시크릿 로맨스이야기.

쉐프(Comme un chef, 2012)

최고 수준의 레스토랑에서 일하던 셰프가 주인과의 갈등 끝에 해고당하고 '푸드 트럭' 을 하게 된다는 코믹영화

한식협회는 한식과 한식조리인을 대표하는 협회입니다.

　한국음식의 세계화에 발 맞추고자 50여개(약 5,000여명)의 한국음식 단체가 모여 "희망한식"이라는 주제를 내걸고 창립총회를 거쳐 2010년 6월 한국음식조리인연합으로 2013년 5월 대한민국한식협회로 명칭변경하여 농림축산식품부 인가된 비영리 사단법인 협회입니다.

주요사업으로는 한식세계화 제반 사업, 한식조리사 역량강화 교육사업, 한식 조리인 리쿠르팅(구인구직), 음식관련 행사 주관, 한식 조리 연구개발 및 표준, 조리인 보호 및 육성, 사회 봉사 활동 등이 있습니다.

1. 협회 조직도

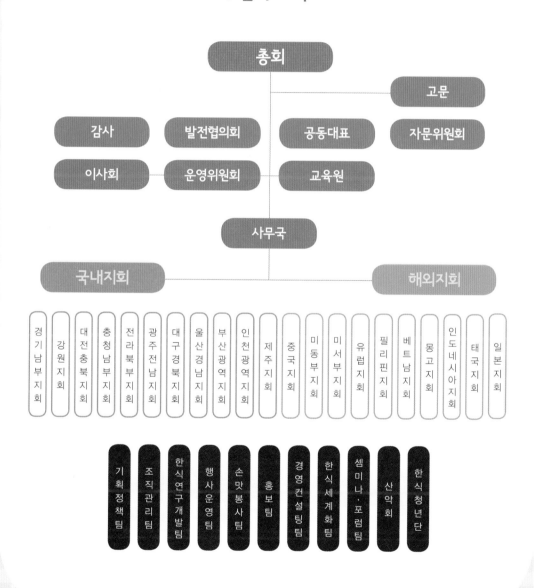

2. 한식조리과학연구소 조직도

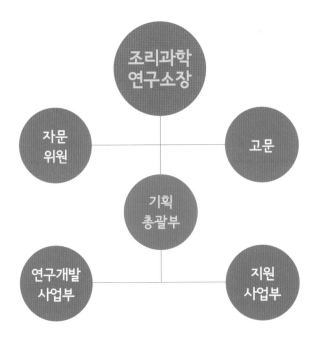

조리과학
연구소장

자문
위원

고문

기획
총괄부

연구개발
사업부

지원
사업부

| 기능성연구팀 | 가공식품연구원 | 육류연구개발팀 | 가금류연구개발팀 | 수산류연구개발팀 | 농산류연구개발팀 | 조리시스템개발팀 | 표준메뉴얼개발팀 | 교육진행팀 | 브랜드마케팅팀 | 디자인팀 | 유통지원팀 | 특허기술지원팀 | 인력지원팀 | 행사지원팀 |

한력이 희망이다.

이 밖에 요리 산업군에 **속한 직업들은?**

그 밖에 요리 직업군들을 소개합니다!

| 출처 : 네이버카페'요꿈사' |

직업소개 : 요리잡지 촬영, 홈쇼핑, 파티메뉴, 레스토랑 메뉴개발, 레스토랑 컨설팅, 대학교
수, 전문강사를 할 수 있는 직업을 말함.

되는 법 : 푸드스타일리스트 전문가 과정을 수료해야 하며, 수료 후 약 3년간 어시스트 생활을 하면서 푸드스타일리스트로서 경험을 쌓아야 함.

학위 : 전문학위부터 다양함. 실무와 학문을 꾸준히 연구해야 하는 사람임.

급여 : 2014년 티켓몬스터 기준 연봉 2000~2200만원(경력별 급여 협의 가능)

관련자격증 : 조리관련 자격증, 영양사 자격증, Florlist관련 자격증이 요구되는 추세임.

바리스타

직업소개 : '바리스타'는 '바(Bar) 안에 있는 사람'이란 뜻의 이탈리아어에서 유래된 말로써 바에서 에스프레소를 기본으로 하는 음료를 만드는 일을 하는 사람을 뜻한다. 우리나라에서는 커피를 추출하는 사람을 총칭하는 의미로 쓰이고 있다.

교육·자격·훈련 : 바리스타가 되는 데 학력제한이 없지만 정규 대학과정의 교육을 통해서 보다 전문적인 바리스타 교육을 받고 싶다면 몇몇 대학의 바리스타 관련학과가 있다. 또 대학이 아니라도 아카데미나, 사설학원, 대학의 사회교육원, 여성인력개발센터 등에서 다양한 이론과 실습 교육을 약 3개월 과정으로 진행하고 있다. 바

리스타 국가공인자격증은 없지만 민간협회에서 주관하는 1·2급 바리스타 자격증이 있다. 유학을 간다면 외국의 다양한 커피를 경험하고 공부할 수 있는 기회가 있겠지만, 국내에서도 충분히 배우고, 공부할 수 있으므로 유학이 필수는 아니다. 그리고 요즘 추세가 케익이나 와플 등 디저트를 포함한 커피 문화에 대한 관심이 커지고 있으므로 베이킹 기술을 익혀두면 향후 창업을 할 때 도움이 될 수 있다.

관련자격증 : 조주기능사(국가기술)

관련학과 : 식품조리학과

업무수행능력 : 서비스 지향 / 품질관리분석 / 정교한 동작 / 물적자원 관리 / 재정 관리

지식 : 인사 / 식품생산 / 고객서비스 / 상품 제조 및 공정 / 영업과 마케팅

성격 : 사회성 / 적응성/융통성 / 타인에 대한 배려 / 리더십 / 혁신

흥미 : 예술형(Artistic) / 사회형(Social)

직업가치관 : 심신의 안녕 / 다양성 / 지적 추구 / 경제적 보상 / 이타

직업소개 : 새로운 신제품 개발

자격 : 4년제 이상의 학위와 보통 호텔 경력 3년차 요리사들이 많이 지원하는 편임. 메뉴개발팀은 크게 연구원, 요리사, 영업직 이렇게 세 분류의 직군이 하나의 팀을 이뤄 움직임. 요리사가 메뉴를 개발하면 연구원은 최저의 단가로 요리를 똑같이 만들어내고 만들어진 요리를 영업사원이 판매하는 형식.

소믈리에

직업소개 : 와인을 취급하는 레스토랑이나 바에서 와인의 구입과 보관을 책임지고 고객에게 적합한 와인을 추천하여 와인 선택에 도움을 준다.

교육·자격·훈련 : 대학의 국제소믈리에과, 외식산업과, 조리학과 등을 통해 교육받을 수 있으며, 최근 사회교육원과 일부 대학원의 전공과목으로 개설되어 있기도 하다. 전문 사설교육기관을 통해서도 소믈리에 교육이 가능하며, 교육을 빌은 후 호텔, 레스토랑, 와인바 등에 취업하거나 웨이터로 시작하여 경력을 쌓아 진출한다. 유
학을 통해 외국의 소믈리에 자격을 취득하여 취업하는 경우도 있으나 무엇보다 현장에서 풍부한 경험을 쌓는 것이 중요하므로 대부분 와인잔을 닦는 일부터 시작하여 서비스마인드를 갖추게 된다. 최근에는 바텐더로 활동하다가 소믈리에로 전향하여 활동하는 경우도 늘고 있다. 국내에서 취득할 수 있는 공인 자격증은 없지만 소믈리에로서의 자질을 평가하는 소믈리에 대회가 있다. 이 대회는 블라인드테스팅(라벨을 보지 않고 와인의 특징을 맞춤), 음식과의 조화, 디켄딩(와인의 찌꺼기를 거르기 위해 다른 병에 옮겨 담음)을 통해 소믈리에로서의 자질을 평가하는 자리로 우승하면 해외연수의 기회와 명예가 함께 주어져 높은 경쟁률을 보이고 있다.

관련자격증 : 조주기능사(국가기술)

관련학과 : 호텔,관광경영학과

업무수행능력 : 서비스 지향 / 물적자원 관리 / 사람 파악 / 품질관리분석 / 인적자원 관리

지식 : 식품생산 / 영업과 마케팅 / 영어 / 고객서비스 / 인사

성격 : 적응성/융통성 / 인내 / 타인에 대한 배려 / 협조 / 스트레스 감내성

흥미 : 예술형(Artistic) / 진취형(Enterprising)

직업가치관 : 지적 추구 / 심신의 안녕 / 타인에 대한 영향 / 다양성 / 성취

식품품질 평가사

(출처:한국직업사전)

직업소개 : 배양기, 압력솥, 천칭, 굴절계와 기타 장비를 사용하여 포장된 식품, 통조림된 식품, 냉동된 식품 등에 관한 표준화 검사를 수행
한다. 식료품의 맛, 색깔, 영양 등을 내기 위 한 첨
가물 또는 방부제 등에 관한 표준화 검사를 한다.
분광광도계, 입체현미경 등을 사용 하여 조미료와
향신료를 검사하며, 수분, 색깔, 자극성, 맛 등을 조
사한다. 식품견본을 pH 계, 증류장비와 천칭 등을
사용하여 명세서와 일치하는지 조사한다. 습도, 염분, 앙금, 가용 성 등의 요인
들을 계산한다. 세균성물질과 이물질을 구별하기 위하여 현미경을 통해 세균
배 양기의 견본·침전물질 등을 검사한다. 검사결과를 기준과 비교하고 결과를
기록한다. 최종생 산물에 존재하는 성분요소들의 비율을 계산하기 위하여 측
정기계를 작동하기도 하며, 특정 식품을 검사하기 위하여 특수한 방법이나 장
비를 사용하기도 한다.

숙련기간 : 1년 초과 ~ 2년 이하

관련자격증 : 품질경영기사, 품질관리기술사

쇼콜라티에

(출처 : 두산백과)

직업소개 : 초콜릿의 프랑스어인 쇼콜라에서 파생된 용어로, 초콜릿 공예가 또는 초콜릿 장인(匠人)을 뜻한다. 영어로는 초콜릿 아티스트(chocolate artist)라고도 부른다. 장인 또는 아티스트의 의미가 부여되는 만큼, 단순히 초콜릿 기술자에 그치는 것이 아니라 여러 종류의 초콜릿을 가지고 블렌딩(blending)과  부재료 첨가 등 자신만의 고유한 맛과 풍미를 내는 과정을 통해 예술 작품으로까지 승화시키는 작업을 수행한다.

 또 초콜릿과 어울리는 음료와 음식, 포장의 최종단계까지 디자인하는 작업도 수행한다. 넓은 의미에서는 초콜릿의 원료인 카카오의 재배 과정부터 카카오 원두를 선별하여 초콜릿을 만들어 가공하는 단계까지 업무 영역에 포함된다. 대량생산하는 업체와 달리 주문을 받아 제작하는 것이 보통이며, 직업의 특성상 예술적 소양을 필요로 한다.

국내에서는 아직까지는 일반적으로 널리 알려지지 않은 분야로서 제과의 한 분야로 취급되고 있지만, 점차 인식이 확산되는 추세이다. 해외의 경우에도 초콜릿 공예만을 전문적으로 가르치는 교육기관은 드물고, 유명한 쇼콜라티에 밑에서 도제 수업의 방식으로 배우는 것이 보통이다. 대표적인 쇼콜라티에로는 1925년 프랑스 파리에서 초콜릿 공방(工房)을 열고 예술적인 초콜릿을 만드는 데 힘쓴 조제프 리샤(Joseph Richart)를 들 수 있다. 1987년 그의 아들 미셸(Michel)이 파리에서 리샤라는 이름의 초콜릿 부티크를 연 뒤로 전 세계 20여개 나라에 부티크를 확장하여 세계적인 브랜드로 발돋움하였다.

문문술 조리명장이 보여주는 **호텔주방의 조직도**

➡ **Executive Chef**(총주방장) : 조리부의 가장 높은 직책으로 조리부를 대표하며 직원의 인사
관리, 메뉴의 개발 식자재의 구매 등 조리부의 원활한 운영을
위한 전반적인 업무를 수행하며 이에 대한 책임을 진다.

➡ **Sous Chef** : 총 주방장 부재시 그 역할을 대행하며 요리의 개발 및 정보수집과 직원 조리
교육 등 주방운영의 실질적인 책임을 진다.

➡ **Outlet Chef** : 단위 영업장이 부재시 그역할을 대신하거나 특별 행사시 지원, 파견되는
주방장으로 조리부 전 영업장에 대한 일반적 지식을 갖추고 있어야 한다.

➜ Training Chef : 조리에 관한 전문지식을 갖고 교육에 관한 자료수집. 기획. 강의를 담당한다.

➜ Head Chef : 단위 업장의 주방 책임자로 업장의 메뉴의 개발, 고객접대, 인력관리, 원가 관리위생 안전관리 및 조리 기술 지도 등 단위 영업장의 주방 업무를 총괄하며 그 책임을 진다.

➜ Asslstant Head Chef : Head chef 부재시 그 역할을 대신하며 단위 주방장의 지시에 따라 실무적 일을 수행하며 주방 업무 전반에 관하여 함께 의논하며 부하 직원의 고충을 수렴하여 해결한다.

➜ Supervisor : 수련과정의 견습 주방장으로 Assistant Head Chef 에 준하는 업무를 수행하며 Section Chef 과 함께 모든 조리 업무의(영업) Mise－en－Place(준비)를 수행, 점검한다.

➜ Section Chef : Hot Section(더운음식코너). Cold Section(찬음식코너) Dessert Section(후식코너) 등으로 크게 나눌 수 있으며 주방장의 지시에 따라 실무적 조리업무를 수행한다.

➜ Cook : Section Chef을 보좌하여 조리업무를 수행하며, 냉장고 정리, 청소상태 등 주방 내 위생 환경에 대한 업무를 수행한다.

➜ Assistant Cook : Cook를 보좌하여 조리업무를 수행하며, 주방장의 지시에 따라 식자료 수령하고 이에 따른 Bin Card(정리가드)를 작성 활용한다.

➜ Chief Steward : 가종 주방용기 및 식기류의 구매 의뢰 및 관리와 기물 관리 외 인력관리 교육을 담당한다.

➜ Assistant Chief Steward : Chief Steward 부재시 그역할을 대행하며, 각종 연회 행사 시 기물 공급 및 설치를 담당한다.

➜ steward : 일선 영업장의 쓰레기 수거 및 처리와 조리 기물의 세착을 담당한다.

➜ Stewardess : 일선 영업장에 배속되어 각종 식기류의 세척과 Dish Washer(세척기기)의 관리를 담당한다.

주방 조직도 (Kitchen Organiation Chart)

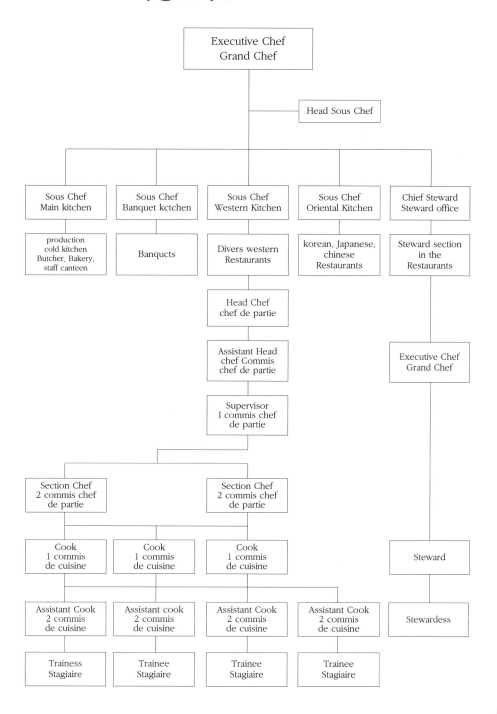

Executive Chef Grand Chef

Head Sous Chef

| Sous Chef Main kitchen | Sous Chef Banquet kctchen | Sous Chef Western Kitchen | Sous Chef Oriental Kitchen | Chief Steward Steward office |

production cold kitchen Butcher, Bakery, staff canteen

Banqucts

Divers western Restaurants

korean, Japanese, chinese Restaurants

Steward section in the Restaurants

Head Chef chef de partie

Assistant Head chef Commis chef de partie

Executive Chef Grand Chef

Supervisor I commis chef de partie

Section Chef 2 commis chef de partie

Section Chef 2 commis chef de partie

Cook 1 commis de cuisine

Cook 1 commis de cuisine

Cook 1 commis de cuisine

Steward

Assistant Cook 2 commis de cuisine

Assistant cook 2 commis de cuisine

Assistant Cook 2 commis de cuisine

Assistant Cook 2 commis de cuisine

Stewardess

Trainess Stagiaire

Trainee Stagiaire

Trainee Stagiaire

Trainee Stagiaire

꼼꼼하게 따져보는 **요리사의 세계**

한식조리사 분포도

| 출처 : 한국직업정보 재직자조사 |

성별

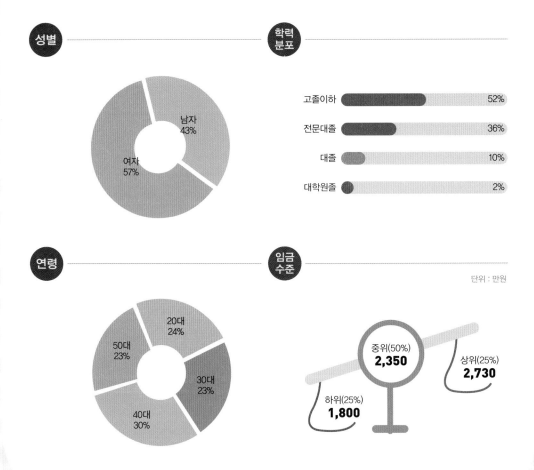

남자
43%

여자
57%

학력분포

고졸이하	52%
전문대졸	36%
대졸	10%
대학원졸	2%

연령

20대
24%

50대
23%

30대
23%

40대
30%

임금수준

단위 : 만원

중위(50%)
2,350

상위(25%)
2,730

하위(25%)
1,800

중식조리사 분포도

출처 : 한국직업정보 재직자조사

성별

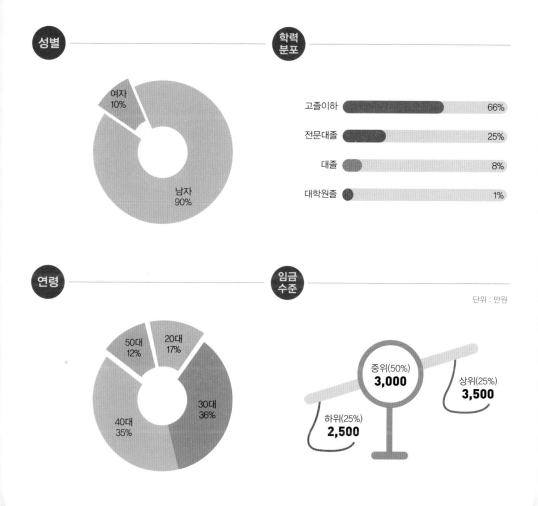

여자
10%

남자
90%

학력분포

고졸이하　66%

전문대졸　25%

대졸　8%

대학원졸　1%

연령

50대
12%

20대
17%

40대
35%

30대
36%

임금수준

단위 : 만원

중위(50%)
3,000

상위(25%)
3,500

하위(25%)
2,500

양식조리사 분포도

| 출처 : 한국직업정보 재직자조사 |

성별

여자 29%

남자 71%

학력 분포

고졸이하	30%
전문대졸	52%
대졸	17%
대학원졸	2%

연령

50대 4%

20대 23%

40대 29%

30대 44%

임금 수준

단위 : 만원

중위(50%) 2,150

상위(25%) 2,850

하위(25%) 1,800

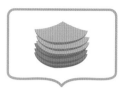

일식조리사 분포도

| 출처 : 한국직업정보 재직자조사 |

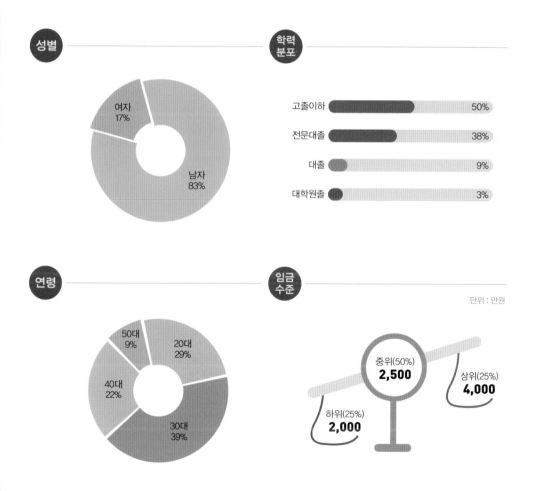

성별

여자
17%

남자
83%

**학력
분포**

고졸이하		50%
전문대졸		38%
대졸		9%
대학원졸		3%

연령

50대
9%

20대
29%

40대
22%

30대
39%

**임금
수준**

단위 : 만원

중위(50%)
2,500

상위(25%)
4,000

하위(25%)
2,000

새롭고 다양한 식문화를 만들어가는 사람들, **요리사**

세상에 '음식'에 대해 거리감을 느끼는 사람은 없을 것이다. 음식은 사람이 살아 가는데 없어서는 안 될 인간 생활의 기본 요소로, 누구에게나 늘 곁에 있고 친숙한 것이다. 매일 먹는 것이기에 우리들의 건강과 직결되기도 하다.

하지만 음식은 이제 더 이상 그저 굶지 않기 위한 수단에 그치는 것이 아니다. 인 간관계에서 친밀함과 애정의 표시가 되기도 하고, 패션과 같이 유행을 타기도 한다. 다양하게 즐길 수 있는 하나의 문화가 된 것이다. 특히, 이제는 지리적·문화적 특색 에 따라 각기 다르게 나타나는 다양한 세계의 음식문화를 매우 쉽게 접할 수도 있다.

이렇게 요리를 단순히 '배를 채우는 것'이 아닌, 즐길 수 있는 문화로 만든 사람은 누구일까? 바로 '요리사'이다. 이제 요리는 '맛만 좋으면 그만'인 것이 아닌, 요리를 하는 사람을 표현하는 도구이다. 요리사들은 오늘도 각 분야에서 자신만의 요리 철학으로 새로운 요리를 창조하고, 보다 나은 방향으로 식문화를 발전시키기 위해 노력한다.

TV드라마나 만화를 보며 멋진 요리사의 꿈을 키우고 있는 청소년들을 위해, 각 분야에서 최고의 자리에 오른 다섯 명의 요리사를 만나서 그들이 걸어온 이야기와 진심어린 조언을 들어봤다.

❶ 권상범 리치몬드제과 대표

그를 만나기 위해 회장실로 들어가는 길에는 제빵사를 꿈꾸는 학생들을 위한 교육실들이 눈에 띈다. 그가 스스로 어깨너미로 배합이나 기술을 배우던 시절의 서러움을 기억하기에 만든 제빵학원이다. 그는 아낌없이 후배들을 도와, 제과제빵이 한국에서도 하나의 식문화로 자리 잡게 하는 것이 그의 목표라고 말했다. 그 어떤 질문에도 포장 없이 솔직하고 단호한 그의 말투에는 제과제빵을 향한 40년간의 자부심이 담겨 있었다.

❷ 문문술 청와대 조리명장

첫 만남부터 매우 반갑게 우리를 맞이하며 손수 커피를 내려주던 그는 얼굴 가득 긍정의 에너지로 가득 차 있

었다. 그는 선한 미소만큼이나 유연한 사고방식을 갖고 있다. 조리책임자일지라도 사람마다 생각이 다르다는 것을 인정하고, 늘 1/3은 다른 사람의 생각을 받아들일 수 있도록 비워둔다고 했다.

최고의 요리명장임에도 불구하고 "먹는 사람이 맛있게 먹어주면 음식 솜씨는 자연히 올라가게 돼 있어요." 라며 "아내가 나보다 요리명장이다."라고 말하는 그에게서, 그가 중시하는 유연성이란 무엇인지를 느낄 수 있었다.

❸ 샘킴 양식 요리연구가

그에게 '요리'란, 어린 시절 어머니와의 아름다운 추억이다. 그만큼 그의 요리 철학에는 상대방에 대한 배려와 이해가 담겨있었다. 그래서인지 그는 비싸고 거창한 재료가 아닌 제철 식재료를 사용한다. 제철 식재료는 재료가 신선하기 때문에 무얼 만들어도 맛있는 요리가 될 수 있다고 믿기 때문이다. 그의 레스토랑 〈보나세라〉에는 신선한 식재료들을 가꾸고 있어, 마치 농장에 온 듯한 착각마저 들게 했다.

드라마 〈파스타〉를 계기로 우리들에게 친숙하게 알려졌고 현재 다양한 방송활동을 하고 있는 그는, 누구보다 화려하지만 누구보다 소탈한 요리사일 것이다.

❹ 박경식 삼청각 조리장

북악산을 오르고 또 올라 찾아간 한식당 〈삼청각〉에서 만난 그는 배움에 대한 열정이 남다른 사람이었다. 앞서가는 요리사가 되기 위해서는, 스스로 피나는 노력으로 고객에게 트렌드를

제시할 수 있어야 한다고 말했다. 전국 맛 집을 돌아다니며 향토음식을 공부했던 것도 같은 이유에서이다.

병든 사람을 음식으로 치유하고, '건강한 사람을 더욱 건강하게끔 만드는 것이 요리사다.' 라고 말하는 그의 따뜻한 마음은 삼청각의 고즈넉한 풍경과도 닮은 듯하다.

❺ 조성숙 스포츠영양사

진천선수촌에서 선수들의 건강한 식습관을 책임지는 그녀는, 선수들에게 또 한 명의 '엄마'와 같은 존재였다. 선수들이 혹독한 훈련 가운데 밥 먹는 시간만큼은 편안하고 행복하기를 바라는 마음으로 음식을 준비한다. 인터뷰를 진행하는 중에도,

그녀를 향한 선수들의 친밀한 인사는 그칠 줄 몰랐다. 그녀의 정성이 담긴 따뜻한 선수촌에서의 점심식사를 잊지 못할 것 같다.